余为民 郑培军 苏良增 ◎ 编著

生命有始有终，安全却需倾注一生。
人生无常，且行且珍惜！

大海广阔无垠，因为它珍惜每一条小溪；
树叶繁荣滋长，因为它珍惜每一缕阳光；
群山连绵巍峨，因为它珍惜每一块砾石；
人生可以精彩无限，只需珍惜生命的每个瞬间。

生命只有一次
且行且珍惜

企业管理出版社
EMPH ENTERPRISE MANAGEMENT PUBLISHING HOUSE

图书在版编目(CIP)数据

生命只有一次　且行且珍惜 / 余为民，郑培军，苏良增编著.
—北京：企业管理出版社，2015.6
ISBN 978-7-5164-1068-4

Ⅰ.①生… Ⅱ.①余… ②郑… ③苏… Ⅲ.①人生哲学－通俗读物 Ⅳ.①B821-49

中国版本图书馆CIP数据核字(2015)第104798号

书　　名	生命只有一次　且行且珍惜
作　　者	余为民　郑培军　苏良增
责任编辑	程静涵
书　　号	ISBN 978-7-5164-1068-4
出版发行	企业管理出版社
地　　址	北京市海淀区紫竹院南路17号　　邮编：100048
网　　址	http://www.emph.cn
电　　话	总编室(010)68701719　发行部(010)68414644　编辑部(010)68414643
电子信箱	80147@sina.com
印　　刷	北京柯蓝博泰印务有限公司
经　　销	新华书店
规　　格	170毫米×240毫米　　16开本　　15.75印张　　155千字
版　　次	2015年6月第1版　　2015年6月第1次印刷
定　　价	36.80元

版权所有　翻印必究・印装有误　负责调换

世界上最珍贵的东西是什么？

是生命！

相信这样的回答没有任何一个人会提出异议，因为要论起这世间的珍贵，确实无一能与生命媲美。日月星辰不能，山川江河也不能；精神意志不能，珠玉金银同样不能；前途事业、金钱财富、名利地位、痴心真情、理想未来……统统不能！与生命相比，日月江河只是陪衬、意志精神只是背景、金钱名利只堪如粪土！

没有什么比生命更珍贵，没有什么比生命更值得我们珍惜，更值得我们倾尽一切来捍卫、来维护、来珍爱的了！

这不仅仅因为生命的鲜活、生命的灿烂、生命的美好、生命的神奇，还因为生命的脆弱和易逝，因为生命的残酷和决绝。

是的，生命无比脆弱，脆如薄冰，轻轻一碰就会破碎。但这个世界上却有那么多威胁生命的危险，那么多能轻易把生命带走的因素，有天灾，有人祸，有战争，有瘟疫、地震、洪水、火灾、冰雪、车祸、谋杀、意外、疾病……甚至只是吃了一口过期的食品，不小心摔了一个跟头，都有可能让我们的生命就此消逝！生命的大海中有太多的暗礁、太多的恶浪；生命的道路上有太多的荆棘、太多的坎坷；生命的征程里有太多的危机、太多的灾祸，生命的过程中有太多的意外、太多的不可把握……危险无处不在、无时不在，如骨附蛆，如影随形，驱之不尽，除

生命只有一次　且行且珍惜
Shengming zhiyou yici qie xing qie zhenxi

之不赢……花谢了，还会再开；春去了，还会再来；话说错了，可以再说一遍；事做错了，可以重做一次；路走错了，可以重走一回……唯独生命，只有唯一的一次，一旦逝去，永远不会重来！

我们还有什么理由不珍惜?！

生命至高无上，生命无与伦比，生命弥足珍贵，生命务必珍惜。因为它只有一次，唯一的一次；因为它永不会重来，因为它一旦失去，我们曾经所拥有的一切都将不复存在！

生命只有一次，这本身就是在告诫我们，务必珍惜。不懂得珍惜的人，轻视生命，挥霍生命，只会吞尝生命的遗憾和泪水。懂得珍惜的人，敬畏生命，热爱生命，从而品尝到生命的甘美。

所以，我们要珍惜它，爱护它，捍卫它，呵护它，不让生命受到一点点的伤害，不让生命出一点点的意外。要把安全放在第一，把生命放在第一。不管在任何时候，牢记"生命第一"的准则，负起安全责任，学好安全知识，不管是在家中还是在外面，不管是白天还是夜晚，不管是上班时还是下班后，不管是人多还是人少，不管意识里还是行为上，都要做好自我防护，防范安全事故，自尊自爱，自防自护，警惕一切威胁生命安全的危险，消除一切影响生命安全的隐患，护卫自己，护卫生命！

生命只有一次，且行且珍惜！

目 录
Contents

第一章　生命如此珍贵，务必懂得珍惜

生命的珍贵，高过世间万物。不论是高悬天际的日月星辰，还是世无二品的奇珍异宝，任珍奇无数，珠玉满眼，都没有任何一件能与生命的珍贵相提并论。与生命相比，日月星辰不过是陪衬，一切珍奇堪如粪土，一切珠玉不值一提。因为失去了生命，不论你曾经拥有多少，获得多少，多么伟大，多么辉煌，一切都将成空，万事归零！我们还有什么理由不珍惜？那么如何珍惜？只有两个字：安全！

1. 世间没有任何东西，比生命更珍贵 ／2
2. 不懂得珍惜，生命就会离我们而去 ／4
3. "怕死"的人才是真正的聪明 ／6
4. 珍爱生命，首先要重视安全 ／9
5. 把"生命第一"作为一切行动的准则 ／11
6. 时刻警惕一切威胁生命的危险 ／14
7. 摒弃错误观念，珍惜每一天 ／16

第二章　盯紧安全责任，生命不能有一丝一毫的闪失

安全重在责任，责任护卫生命。责任是安全的屏障，责任是生命的保

安。只有强化安全意识，增强责任心，把责任落实到位，严格按规章办事，不漏过任何一个细节，把自己的责任承担起来，生命的安全才有保障。一旦有半点不负责任，付出的可能就是生命的代价。

1. 安全就是责任，负责任才能保护生命 ／22
2. 不负责任就会付出生命的代价 ／24
3. 盯紧岗位责任，保证上班一分钟安全六十秒 ／26
4. 牢记"三不伤害"，保护生命是每一个人义不容辞的责任 ／28
5. 杜绝麻痹大意，生命来不得丝毫的闪失 ／31
6. 越是小细节越需要高度的责任心 ／34
7. 不找借口，不逃避，不推卸，把安全责任落到实处 ／37

第三章 做好自我防护，把生命安全紧紧地握在自己手中

自己的安全必须自己管，自己的生命务必自己珍惜，指望别人是没有用的。只有切切实实做好自我防护，提高生命安全意识，警惕一切威胁生命安全的因素，才能将自己的生命紧紧握在自己的手中。任何时候都要牢记：珍惜美好的生命，关键在于自己。

1. 自己的生命自己爱，自己的安全自己管 ／42
2. 上班时务必穿好、戴好防护用品 ／45
3. 小心防范，别让职业病伤害生命 ／49
4. 不懂不会的千万不要去碰 ／60
5. 养成生活好习惯，把生命握在自己手中 ／63
6. 及时防病治病，别让疾病毁掉生命 ／69
7. 掌握岗位安全技能，让娴熟的技能为生命保驾护航 ／72
8. 严格遵循岗位安全技术操作规程 ／92

第四章　杜绝违章违纪，遵章守纪才是珍视生命

在一起起鲜血淋漓、不忍目睹的伤亡事件中，高达90%以上的都是由违章违纪引发的，违章违纪是安全最大的隐患，也是生命最大的威胁。有多少生命曾毁于违章的魔手，有多少家庭因违纪而破碎，有多少幸福被断送在"三违"的恶梦里！所以，珍爱生命，一定要杜绝违章违纪行为，增强安全意识，提高安全技能，切实纠正违章行为，遵章守纪，才能确保安全，保护生命。

1. 有多少生命毁于违章 ／98
2. 杜绝违章操作，违章操作就是自杀 ／100
3. 纠正违章指挥，违章指挥等于杀人 ／101
4. 严守劳动纪律，违反纪律只会让自己倒霉 ／105
5. 树立"我要安全"的观念，自觉杜绝违章行为 ／108
6. 让遵章守纪成为一种习惯 ／111

第五章　预防生产事故，事故是生命最大的敌人

事故是伤害生命的恶魔，是生命最大的敌人。无数生命消失于一起又一起的事故之中。不发生事故，一切安全，一旦发生事故，一切都会完全改变，生命飘逝、幸福凋落、未来成空。特别是各类安全生产事故，更是伤人无数，害人至深。我们珍爱生命，至关重要的就是要防范事故。只有杜绝事故才能保证安全，只有杜绝事故才能没有伤亡，只有彻底消灭事故才能让生命之树常青！

1. 安全事故是伤害生命的恶魔 ／116
2. 杜绝事故的关键在于预防 ／119
3. 预防事故必须找出隐患 ／123
4. 不仅要找到隐患，还要及时加以清除才能安全 ／128
5. 掌握事故预防要点，杜绝生产事故的发生 ／131

第六章 保障日常安全，生命需要全天候守护

生命是最易碎的珍宝，而威胁生命的危险却无处不在，无时不在，意外更是天天都有。所以，保护生命的安全，也需要无所不防，无时不防才行。不管是在工作中还是生活上，上班时还是下班后，都需要我们全面树立起生命安全的意识，提高警惕，处处防范，全天候保障安全，才能真正获得安全。

1. 危险不分上下班，随时随地要小心 / 150
2. 保障居家安全，警惕生活中的意外 / 152
3. 小心食物中毒，吃得不对也会伤害生命 / 158
4. 遵守交通法规，杜绝交通意外 / 162
5. 防盗防抢，面对歹徒学会"弃财保命" / 164
6. 避免打架斗殴，别让生命毁于一时的冲动 / 169

第七章 拒绝邪恶诱惑，自觉筑牢生命安全的防火墙

潘多拉没能经受住诱惑，打开了盒子，所有被锁在盒子里的邪恶都跑了出来，人间从此再也没有安宁了。许多危害生命安全的危险正像盒子里的邪恶一样，充满着无限的诱惑，如果我们不能抵抗得住邪恶的诱惑，不能守住自己的内心，就会被邪恶诱惑，被诱惑毁灭了生命！

1. 警惕"过劳死"，追逐梦想但不可透支生命 / 174
2. 克制自己的贪心，小心"人为财死" / 180
3. 拒绝毒品，"瘾君子"是在亵渎生命 / 183
4. 远离赌博，别让生命滑入欲望的深渊 / 189
5. 别让"网瘾"伤害生命 / 195
6. 小心"手机依赖症"，使用不当也要命 / 200
7. 遵纪守法，不伤害别人才不会伤害自己 / 204
8. 珍爱生命，杜绝轻生 / 207

第八章 学会自救互救，为生命撑起最后的保护伞

有一个故事说几个学者坐船，问船夫什么是哲学，船夫说不知道，学者们纷纷叹息：那你已经失去了一半的生命。这时一个巨浪打来，小船被掀翻了，船夫问："你们会不会游泳啊？"学者们都说不会。船夫叹口气说："那你们就失去了全部的生命。"可见自救的能力才是生命最重要的保护伞，只有自己才是最可靠的救星，珍惜生命务必要学会自救的知识和技能。

1. 掌握报警程序，危急时刻紧急求救 ／214
2. 风灾时的紧急避险和自救互救 ／218
3. 洪水来临如何自保求生 ／221
4. 地震时的自救方法和求生诀窍 ／222
5. 遭遇泥石流时如何脱离险境 ／228
6. 火灾事故中的逃生自救方法 ／229
7. 踩踏事故发生时的自救方法 ／233
8. 井下事故现场逃生和急救 ／235
9. 危险品泄漏事故现场的应急处置和逃生自救 ／238
10. 中毒、窒息发生时的自救和互救 ／240

第一章
生命如此珍贵，务必懂得珍惜

生命的珍贵，高过世间万物。不论是高悬天际的日月星辰，还是世无二品的奇珍异宝，任珍奇无数，珠玉满眼，都没有任何一件能与生命的珍贵相提并论。与生命相比，日月星辰不过是陪衬，一切珍奇堪如粪土，一切珠玉不值一提。因为失去了生命，不论你曾经拥有多少，获得多少，多么伟大，多么辉煌，一切都将成空，万事归零！我们还有什么理由不珍惜？那么如何珍惜？只有两个字：安全！

世间没有任何东西，比生命更珍贵

生命，对于每一个人，甚至一切生物来说，都至高无上，都珍贵无比，因为生命只有一次，只有唯一的一次。

春去了，春会再来；花谢了，花会再开；而生命一旦逝去，却永远不会重来。还有什么东西比生命更珍贵呢？

也许有人会说，不，还有比生命更宝贵的东西，比如亲情、友情、爱情，比如前途、理想、明天，比如事业、家庭、金钱……是的，这些都很重要，可是一旦失去了生命，这一切还有什么意义？

有一个渔夫，为了养活家人，在一个大风大浪的天气，冒险出海打鱼，被海面上刮起的龙卷风刮走了。

渔夫醒来，发现自己在一座孤岛上，他站起来，发现海边有一张网，里面居然还有一条活鱼。渔夫高兴极了，赶紧吃了鱼。填饱肚子之后，他把网又撒了出去，然后在岛上查看。走到岛的中央，奇迹出现了，渔夫发现了一座金子垒起来的小山。渔夫欣喜若狂，马上去抱金砖，金山那么大，怎么也抱不完，而渔夫已经饿得没有力气了。这时候他忽然觉醒：现在即使自己拥有整座金山也没用，重要的是怎么出去。渔夫不再想金山，而是按原路走回去，提起渔网，吃里面的小鱼，然后砍树造船，准备回去。船造好了，渔夫带上渔网，搬了满满一船

第一章
生命如此珍贵，务必懂得珍惜

的金子，启程回家。

但是没多久，渔夫就感到不对劲，小船太沉了，一不小心水就漫进去，如果稍有风浪，小船肯定会沉到海底去的。要是那样，那和死在岛上有什么区别呢？船要是沉了，我还要金子有什么用？渔夫豁然开朗，马上动手把一块块的金砖扔了，只留了一点点，这样，小船驶得就快了，不久渔夫就回到了家。一家人团圆后，渔夫用那一小袋金子做资本，生意越做越大，成了当地有名的大富翁。

后来，有人问他的发家史，渔夫说了海上金山的事。有人说，你真幸运。不过要是当初你不把金子扔掉，你一夜就是大富翁了，就不必奋斗这么多年了。富翁说："要是不扔掉，我的命就会没了，怎么成为富翁？"

是啊，命要是没了，要多少金山都没有用！别说金山，就是钻石山、翡翠山、玛瑙山，也比不上生命万分之一的价值！生命是一切的根基，一切的依托，一切的发源地，生命承载着一切，创造着一切，享受着一切！一旦没有了生命，也就没有了一切，失去了生命，我们就会什么也没有了，什么也不存在了。所有的一切繁华、荣耀，都转眼成空，又有什么意义？

生命是世间最宝贵的东西，没有任何东西比生命更珍贵！拥有生命，就是最大的幸运、最高的荣誉、最大的财富，还奢求什么呢？

2 不懂得珍惜，生命就会离我们而去

生命是珍贵的，至高无上的，无与伦比的，但生命又是脆弱的，威胁生命安全的因素无处不在，无时不在，稍不留意，生命之花就会凋谢，生命之树就会枯萎。比如，洪水、地震、大风、冰雪、交通意外、矿难、触电、火灾、溺水、食品安全、生产事故……

据统计，我国每5分钟有一人因车祸死亡，每一分钟有一人因车祸伤残，每天死亡280多人，每年因车祸死亡10万多人；

我国每年因自杀死亡者高达28.7万；

我国目前每年工伤事故死亡约13万人；每年触电死亡约8000人；

我国火灾年平均有2300多民众伤亡；

我国每年1.6万中小学生、3000大学生非正常死亡；

我国每年死刑执行近万宗；各类刑事案件死亡年均近7万人；

我国每年因使用不当导致农药中毒的死亡人数达上万人；

我国每年食物中毒死亡数万人；

我国每年因过劳死人数达60万人；

我国每年因大气污染死亡38.5万人；

我国每年因为各种疾病死亡的人数更是高达600万人；

……

第一章 生命如此珍贵，务必懂得珍惜

触目惊心的数字，让人感到不寒而栗，毛骨悚然。然而，这却是血淋淋的事实。

在我们生活的这个世界上，威胁生命的危险因素四处可见，防不胜防。比如说当我们行走在道路斑马线上，规规矩矩地按照交通法规行走时，说不定就会有一辆违规闯红灯的车冲向我们；当我们坐在家里，正开心地享受家庭的温馨和幸福时，也许我们住的楼房因建筑质量正摇摇欲坠，随时都可能倒塌；当我们悠闲地坐在火车上，观看窗外美丽的风景时，也许前方不远的轨道上正俯卧着一块巨石，火车顷刻间就会出轨给我们带来伤害……用"危害常伴左右、风险如影随形"来形容我们的处境丝毫不夸张。有天灾，有人祸，有重大灾难的降临，也有些微小事的原因……一点点的不小心，带来的，就是生命的消逝！

• • • • •

2008年2月20日上午8时许，曾主演电影《千钧一发》、电视剧《金粉世家》等的女星潘星谊在北京不幸意外身亡，终年28岁。当天早上7时30分许，潘星谊在家中滑倒不慎撞碎鱼缸，碎玻璃恰巧割破其喉咙，造成大量出血，后被家人送往北医三院，最终抢救无效死亡。

2011年3月，南京市民马老太在房顶晾晒东西后下梯子时，不慎一脚踏空，从4米多高的房顶重重摔下，头部着地鲜血直流。急救车火速赶往现场急救，但马老太还是伤重不治。

2011年4月11日上午，北京市朝阳区和平街12区3号楼发生煤气管道爆燃。爆炸导致4人死亡。一位在小区中休息的老人被爆炸溅起的砖块击中后，当场死亡。

2015年3月12日，一名男青年因为边走路边看手机，没有留意到红灯信号，被驶来的汽车撞飞，当场身亡。

……

• • • • •

像这样因为小事而导致生命逝去的事件随处可见，更别说像汶川大地震、矿难、洪水、火灾等这样的大事故，导致的伤亡必然会更多。可

见生命的威胁无处不在,居家的、路上的、工作中的、飞机上的、火车上的、水里的、食物里的、空气里的……凡是我们存在的地方,外界就会有数不清的威胁在伺机而动,时刻觊觎着我们的幸福,企图剥夺我们的生命。如果我们自己不懂得珍惜生命、呵护生命,不懂得爱护生命、捍卫生命,避开生命的威胁,保证生命的安全,那么,生命就会随时离我们而去!

"怕死"的人才是真正的聪明

珍惜生命,就要呵护生命,就要关爱生命,就要保护自己,就要"怕死"才行。不怕死的人,等于是在拿生命开玩笑,等于是在玩弄生命,是在糟蹋生命,是最蠢的蠢人,最笨的笨瓜,懂得"怕死",才是真正的聪明。因为只有"怕死"的人,才不会冒险,才不会盲目听命,从而保证自己的安全,保住自己的生命。

几个电力学校的实习生到工厂去实习,他们被分配给一位颇有经验的老师傅,而这位老师傅将决定他们其中的一位今后是否能留在工厂上班,因此,实习生们使出浑身解数去学习,去讨好老师傅。终于,实习期结束了,老师傅做了一番总结后,突然发问:"你们怕不怕电?"实习生们纷纷表示不怕,只有小陈犹豫了一会儿,说:"怕!"同学们都笑了,老师傅意味深长地看了他一眼。留厂名单公布了,出人意料的竟是"怕"

第一章

生命如此珍贵，务必懂得珍惜

电的小陈被留下，其他实习生很不服气，老师傅说出了一段往事，当年与老师傅一起工作的同门师弟是一个技术精湛的人，俗话说"艺高人胆大"，他矫健的身影经常出现在高危作业现场。悲剧的发生是那么突然，在一次高空作业后，师弟离开检修设备时，竟无意中将手搭在邻近的带电高压设备上，结果断送了年轻的生命。这就是他问实习生们怕不怕电的原因。

这则故事警醒我们，敬畏不是胆小，是对生命的尊重。只有敬畏电的人，才能对危险时刻防备，才能真正地把"安全"二字牢记在心。把安全意识时刻放在心上，才能把安全工作落实到日常生活中去。对待生命，就要有这种"怕死"的精神才行。为什么"怕死"？"怕死"是为了"求生"，求生就是对生命的热爱。只有热爱生命，才能敬畏生命；只有敬畏生命，才会珍爱生命；只有珍爱生命，才会重视安全；只有重视安全，生命才会有保障！

有一个建筑公司的起重机操作员，就是一个"怕死"的人，任何时候都不会去冒险。

有一次，该公司的起重机出现故障，送去修理，但因为工期很紧张，就从别的单位借来一台起重机交给这位操作员操作。操作员一看，发现这台起重机已经停用两年了，很多地方都锈迹斑斑，连钢丝绳也有轻微的损坏。这可不能操作，要是操作时出现问题，那岂不是要了我的命？

于是，他跟部门经理提出，起重机必须先进行全面的检验，合格之后才能操作。部门经理急了："现在工期那么紧，你操作的机器坏了，给你借了一个，就是为了赶工期，你还要找有关部门检验，这不是耽误工作吗？"

"即便耽误工作，也不能拿命开玩笑啊！"操作员理直气壮地说。

经理气坏了，吼他："你就那么怕死呀？那好，你不操作我就找别人,你不用来上班了,分配给你的工作你敢不做!"

操作员非常硬气:"我得对我自己的安全负责,即便被开除,也比出了事故强!"

经理果然找来了另一名操作工。这名操作工一看这架势,什么也没说,就上去操作了。但这台机器毕竟停用了两年多,刚使用不到半天,就发生了塔吊故障,机械失灵,使塔吊重物掉落,幸运的是没有造成人员伤亡,而操作员已经吓傻了。

经理也吓坏了,再也不赶工期了,按照前一名操作员的要求,全面检验了起重机,这才开始工作。

工作中有些人很有魄力,胆子大,能力强,敢干、肯干更舍得干,不怕危险,也不惧伤亡,"明知山有虎,偏向虎山行",这是一个优点,但如果没有足够的生命安全意识,没有安全做前提,只是莽撞的"不怕死",那这样的"胆大"无疑等于"送死"。可见,"怕死"的人更安全。"怕死"就不会以身犯险,不会盲目蛮干;"怕死"就不会置生命于不顾;"怕死"就会小心谨慎,时时刻刻警惕着威胁生命的一切危险,就能提前识别危害,更会主动避险;"怕死",工作起来就会小心谨慎,就不会随意冒险;"怕死",就会杜绝侥幸心理,就不会认为"一次违章没什么大不了的",就会严格按规定去做,不简化作业,不违章操作;"怕死",平时就会加强规章制度、岗位标准和作业程序的学习,知道哪些是违章作业,怎样才能保证安全,工作起来就不会稀里糊涂,也才会远离事故。"怕死"不仅是怕自己死,还害怕同事死,怕工友死,怕家人死,因而任何时候都会小心翼翼,把安全放在最前面,安全也就有了保障。

生命对于每个人只有一次,我们要敬畏生命,热爱生命,珍惜生命。在生命面前,"怕死"并不可耻,"怕死",才是对生命最好的珍惜,才是最大的聪明。

第一章
生命如此珍贵，务必懂得珍惜

珍爱生命，首先要重视安全

"一花一世界，一叶一菩提"，每一个生命都是天地之魂，万物的精华，我们没有任何理由不珍爱自己的生命，不珍爱别人的生命！对生命的珍惜、对生命的珍爱，对生命的不放不舍，对生命的不离不弃，几乎是每一个生命体最本能的本能、最基本的能力。小草坚强地从地底下探出头来，是因为生命的勇气；竹笋从石板的重压下挺直腰身，是对自己生命的珍惜；蚂蚁不停地忙碌，是为了生命的延续……山川草木都知道生命的重要，何况我们人类！

那么，如何珍惜生命？答案只有两个字：安全！

生命需要安全。没有安全，生命就没有保障；没有安全，生命随时可能凋残。安全是生命的保护神、安全是生命的护身符。生命是"天"、安全是"地"，唯有立足"安全"这基地，方能顶起"生命"之蓝天。如果忽视安全，必然使生命损伤，甚至死亡！

2014年5月，某化工厂发生了一起爆炸事故，造成多名员工伤亡。原因是一台脱硫液加料斗在生产中发生破裂，需要焊接。班长老孙把这个任务下达给员工小季，小季要求班长把脱硫液加料斗内的易燃易爆气体彻底放光，然后再打火焊接。孙班长想着任务要求紧急，便催促小季违规焊接。而小季没有再坚持下去，便打火焊接，在焊接过程中，发生了爆炸事故，小季也在这次事故中伤重不治身亡。

没有安全就没有生命,珍惜生命就必须要保证安全。生命时时刻刻都需要安全之神的守护。安全之于生命,须臾不可少;安全之于生命,片刻不能离。没有安全就没有生命的保障,安全是生命的长明灯,安全是生命的保护伞,安全是生命之影、生命之血、生命之根、生命之魂。珍爱生命,第一就是要把安全放在心上。如果做不到,那生命就难免会受到伤害。这一点,已经无数次被血的教训所验证。

2014年12月31日8时30分许,佛山市顺德区勒流街道港口路的广东富华工程机械制造有限公司厂房发生气体爆燃事故,造成18人死亡,33人受伤,其中多名伤者骨折和重度烧伤。

2014年12月31日23时35分许,上海外滩聚集了数十万庆祝跨年的民众,在陈毅广场和亲水平台斜坡处,人流对冲致使拥挤踩踏事件发生,导致36人死亡,47人受伤,最小的死亡者年仅12岁。

2015年1月2日13时,哈尔滨北方南勋陶瓷大市场仓库发生火灾。大火持续燃烧了20多个小时,其间发生坍塌导致消防员被埋,造成5人死亡,14人受伤。

短短3天接连发生3起重大公共安全事故,造成59人死亡、94人受伤。这是多么惨痛的教训啊。生命无比珍贵,生命又无比脆弱!每一起事故的背后都有无数的生命消失,无数的家庭破碎,无数的鲜血和泪水!一个又一个生命的意外逝去,一件又一件触目惊心的伤亡事故,一次又一次用鲜血写就的教训,昭示的都是生命的珍贵和安全的重要。

珍爱生命,首先要注意安全。没有安全,生命不可能有保障!生命不能有半分疏忽,安全不能有一点儿大意,因为生命那么脆弱,必须有安全保驾护航才能保卫生命。如果忽视了安全,生命就会在风雨中飘摇。有了安全做保障,生命的光彩才会美丽绽放。不要厌烦生命安全年年讲、月月讲、天天讲，不要逆反安全的规规矩矩、条条框框，只有经常不断地绷紧安全意识这根弦，才能避免悲剧的发生。唯有安全，才能保证生命之花常开；只有安全，才能护佑生命之树长青。

5 把"生命第一"作为一切行动的准则

生命是我们最珍贵的瑰宝，是我们一切梦想的承载、一切前途的依托、一切未来的根基，如果失去了生命，一切都是空无、是虚幻、是什么都没有！所以，任何时候，我们都应当以生命为最重要，视生命为第一，一切行为都要建立在"生命安全"的基础之上，一切行动都以"生命第一"为准则。

有一个真实的故事：一位伐木工人在森林里伐木时遇到意外，一棵倒下的松树重重地压在他的右腿上，让他动弹不得。怎么办？这里人迹罕至，呼救无门，除了自己救自己，没有人能救他出去。他想了很多办法想挪出右脚，但全都无望。天渐渐黑了，如果天黑前他不能走出森林，必死无疑。最终，他选择用手中的锯子锯下右腿，一步一步爬出去，终于他得救了。哪怕残了一条腿，但他很庆幸自己的生命得以延续。因为他明白，不论腿有多重要，与生命相比，永远都是次要的。有生命在，才有一切！

生命只有一次 且行且珍惜

生命是伟大的，生命是顽强的，生命更是珍贵的，值得我们用一切力量珍惜。只要有哪怕一线生机，即便牺牲一切也要保住生命，这才是我们珍惜生命的态度。

然而，我们却看到，并非人人都明白生命的珍贵，人人都知道珍惜生命，轻视生命、漠视安全的人大有人在，特别是在遇到危险的时候，他们更是忘记了"生命第一"的准则，本末倒置，舍大求小，最终失去了可贵的生命，这是多么不值得的事情！

2015年4月11日傍晚，南宁市一名女子下班回家的路上，忽然一个黑影出现在她身后，一只手紧紧勒住她的脖子，而另一只手则伸向她肩上的女式便包。这名女子跟黑影争扯起来，连声呼喊"救命"，并死死抱紧自己的包。看到女子激烈反抗并不停地高喊，黑影举起尖刀向她的背腹部连续刺了几刀……该女子因失血性休克当场死亡，歹徒作案后，消失在茫茫夜色之中。事后查明劫犯抢到的包内只有三元钱。

这名女子为了三元钱而丢了自己的性命，多么令人叹息。即便包中钱财再多，也不如生命重要啊！

同样，在深圳，一名女白领清晨上班时遭遇劫匪，因为奋力呼救，被歹徒连刺五刀，倒地身亡。当时，这名女白领走到布龙公路大发埔公交站台附近时，一名30岁左右的男子突然从旁边冲出来，并从口袋里掏出一把匕首试图对其进行抢劫。为了口袋里的重要资料，女白领与该男子发生了打斗。男子恼羞成怒，拿起匕首对着其胸口、腹部和大腿连捅五刀，女子顿时倒在血泊中，男子见状慌忙逃走。

是的，资料很重要，作为一名负责任的员工，保护公司的资料是自己的责任。但是，在生命和资料中间，务必要选择生命，因为资料再重

第一章

生命如此珍贵，务必懂得珍惜

要，丢了还可以重新整理。但生命一旦逝去，却永远也不会回来了。如果我们选择保护生命而丢了资料，相信不论哪一个公司都会理解并原谅的。但是为了资料而失去生命，相信不论哪一个公司都会因此而愧疚。

不仅仅是遇到抢劫的时候，要牢记"生命第一"的准则，不管在任何都要牢记"生命第一"，工作时、上班中、走路时、遇灾时……都要牢记，不管什么都比不上生命重要，不管什么，都不及生命珍贵，遇到危险时，务必要牢记保命第一，其他的都可以舍去。

----- • • • • • -----

商人狄利斯和他儿子一起出海远行。他们随身带了满满一箱子珠宝，准备在旅途中卖掉，作为盘缠。他们一直没敢透露这个秘密。一天，狄利斯听到水手们交头接耳，原来他们已经发现了这个秘密，正在策划谋杀他们父子俩，以夺取这些珠宝。

狄利斯吓得要命，在自己小屋里踱来踱去，希望能想出摆脱困境的办法。儿子问他发生了什么事情，狄利斯就把听到的全都告诉了他。

"同他们拼了。"儿子断然道。

"不"，狄利斯回答说，"他们会制伏我们的。"

"那把珠宝交给他们？"

"也不行，他们会杀人灭口的。"

过了一会儿，狄利斯怒气冲冲地冲上甲板，"你这个笨蛋儿子！"他叫喊道，"你从来不听我的忠告！"

"老头子！"儿子叫喊着回答，"你说不出一句值得我听从你的话！"

……

当父子俩互相谩骂的时候，水手们好奇地聚集到周围，狄利斯突然冲向他的小屋，拖出了他的珠宝箱，"忘恩负义的儿子！"狄利斯尖叫道，"我宁愿死于贫困也不会让你继承财富！"

说完，他打开了珠宝箱。水手们看到这么多珠宝都倒吸了一口凉气。狄利斯又冲向了栏杆,在别人阻拦之前将宝物全部投入了大海。

水手们惋惜极了,但再也不想着要杀他们了。父子俩虽然丢失了财宝,但性命无虞,两人庆幸不已,并不为把珠宝扔到海里而后悔。

这是一个古老的故事,也是一个发人深省的故事。钱财乃身外之物,而生命至关重要。任何时候,生命都是第一位的。不管多珍贵的财物,失去了都还有机会赚回来,而生命一旦失去,却永不会再有。所以,每个人都应当把自己的生命放在最重要的位置,不管任何时候都坚守"生命第一"的原则。上班时也是一样,哪怕眼看财物正在遭受损失,但如果没有十足的把握能保护生命的安全,无论如何也不可贸然去抢救财物,而置自己的生命于不顾。只有在保证自己的生命安全不会受危害的前提下,我们才能去救财物。这应当是我们做任何事情、面对任何危险时的原则。

6 时刻警惕一切威胁生命的危险

其实,生命的脆弱除了生命本身的易逝以外,还与生活中威胁生命安全的危险因素过多有关。前面我们也提过,生活中对生命的威胁无处不在,无时不在,防不胜防,躲不胜躲。这些威胁并不仅仅全在上班的时候,也不仅仅是在家中,在路上、在车上或是在床上,都会遇到威胁

第一章
生命如此珍贵，务必懂得珍惜

生命的危险。所以，珍爱生命，并不是说仅仅上班时我们遵章守纪、严格按照安全规程操作、防范事故、保护自己就可以了，而是不管上班还是下班，不管白天还是黑夜，不管人多还是人少，不管室内还是室外，都要提高警惕，防范一切对于生命安全的威胁才行。

比如在家中，应当是非常安全的，但意外也会常常光顾，"人在家中坐，祸从天上落"的事情也屡见不鲜。

2011年1月10日凌晨3时左右，山西平定县西南营街一民房发生塌陷，房主夫妻二人睡梦中被埋压。整个房子变成三米深的大坑。

2013年9月30日，河北省武安市冶陶镇后山村东北方向一公里处一废弃厂房闲置房屋发生意外塌陷，整个房子陷入深坑中，致使当晚正在这所房屋里休息的16位建筑工人下落不明。

2014年7月1日凌晨两点，福建龙岩某村一老房子突然坍塌，正在睡梦之中的吴老汉被掩埋。

除了房子忽然出现意外，家中的危险还有煤气泄漏、家中着火、触电、摔跤等各种意外。可见生活中威胁生命安全的因素并不少。生活中的意外事故也称非生产性事故，是指人们日常生活中由于人为原因造成的意想不到的人的生命与健康受到危害或损害的事件，如交通事故、火灾、触电、溺水、坠楼、中毒（煤气、石油气、天然气体中毒，食品中毒等）、刺割、运动伤害、爆炸（燃气爆炸、高压锅爆炸等）、气管异物、烫伤等。

这一类对生命造成的危害也是相当多的。在全球范围内，每年约有350万人死于意外伤害事故，约占人类死亡总数的6%。在很多经济发达国家，生活意外伤害事故已经成为人类非正常死亡的第一死因。煤矿瓦斯爆炸、飞机坠毁等重大生产安全事故让我们感到震惊，生活意外事故也在严重威胁着人们的安全。所以不得不引起我们的重视和警惕。

威胁生命的因素无处不在。就拿空气污染来说，有人对空气污染满不在乎，认为只要自己戒烟限酒，注重锻炼身体，就能保证身体健康。岂不知PM2.5空气颗粒对身体的影响也是致命的。所以在雾霾多的地方，出门一定要记得戴口罩，做好自我防护。

再比如食品卫生安全，稍不注意，就很有可能会中毒，导致各种各样的危急情况，危及到生命。

总之，威胁生命安全的因素数不胜数，无所不在，我们只有时时刻刻提高警惕，防范一切对于生命安全的威胁，才能真正保证生命的安全。

摒弃错误观念，珍惜每一天

常言说，观念决定行为。珍爱生命，就要有正确的生命安全观念才行。安全观念引导人的安全意识，安全意识决定人的安全思维，安全思维决定安全行为结果。只有正确的安全观念，才能有正确的安全行为，有正确的安全行为，才有真正的安全。因此，我们要抛弃传统的不正确安全观念，树立正确的安观念。需要摒弃的不正确安全观念有：

（1）"生死由命，富贵在天"，传统的听天由命观念。

好多人认为，一个人要死还是要生，不由自己，而是上天注定的。所以，不愿意关心生死，更不愿意管好自己的安全，认为管了也没有用。

这种观念大错而特错！自己的生死由自己掌控，你珍爱生命，时刻爱惜生命，保护生命，生命安全了，自然就不会有事故，不会死亡。与天何干？事故的发生不是由所谓的命运掌控，而是握在我们自己手中。

第一章
生命如此珍贵，务必懂得珍惜

只要安全工作做得好，隐患排查得力，很多事故都是可以避免的，正所谓"事在人为"。不把生命当回事，不注意安全，天也救不了你。所以，我们应当摒弃这种错误的观念，树立科学的安全观念，积极主动地采取措施避免事故，而不是坐以待毙，等待"天定生死"，那只会伤害我们自己，让生命不保。

（2）"经济效益第一，安全第二"。

持这种观念的人，说得不好听一点儿，就是典型的"要钱不要命"的人。效益再重要，又怎么可能会有安全重要呢？生命都不保了，效益再高又有什么意义？

安全就是效益，这是企业所有员工和管理者都应建立的"安全经济观"，越安全越有效益，没有安全，出个事故，既耽误生产，又要休养身体，还要支出医药费，还谈什么效益？每天安安全全，平平安安，工作按部就班，事情井井有条，效益自然而来。

（3）事故也靠"实践才出真知"的观点。

有的人不信邪，再多的案例在前，也偏不信，一定要自己发生事故了，才会从中吸取教训，总结经验，取安全之经。

这看似有道理，伟人都说过"要知道梨子的滋味，就要亲口尝一尝"。但其他的事情都能"尝一尝"，只有安全不能尝，因为安全容不得半点的不正确，容不得半点的错误，因为半点的失误付出的就有可能是生命的代价。如果把这种观点应用到安全管理中来，只会增加更多的鲜血和伤亡。我们应该用别人的事故作为自己的教训，这才是聪明的。

（4）"要钱不要命"财产权优先的观点。

由于"生死由命，富贵在天"的错误思想认识，认为安全设施只是一种摆设，赶任务、出效益、拿到钱才是真理。这种观点属于"金钱至上"的拜金主义，表明对生命价值的认识不够。很多员工认为只要给钱多，冒一次险也是值得的，殊不知事故很有可能发生，一旦发生事故，轻者受伤，重者残疾甚至死亡，无论是哪一种事故发生，对于员工的家庭来说都是不可估量的灾难。这种观点是对自己的生命健康不负责任，对家庭和亲人不负责任，无论怎样，生命才是第一位的，平平安安才是亲人最大的期盼。

（5）事故发生是必然的，不发生是偶然的。

这种观念认为，企业生产环境复杂，生产工艺多样，生产状态多变，这一切都决定要生产、要开动机器就必然会有事故发生。这是绝对错误的观念。恰恰相反，对于不重视安全的人来说，事故的发生是必然的，但只要我们认真对待安全，不放过任何隐患，找出隐患背后的征兆，揪出征兆后面的苗头，一切事故都是可以预防的，安全成为必然，事故就是偶然。

（6）"见义勇为"而非"见义智为"的传统观念。

在传统观念里，"见死不救"是一种无德的表现，因而对于"见义勇为"的行为全社会都是肯定和赞许的。但是，从近年来一些见义勇为的事件中，我们看到，很多见义勇为者没能救得了别人，反而搭上了自己的性命，这是很让人痛心的事情。这样的见义勇为者是不值得赞许的，更不值得提倡。因为这种见义勇为是不值得的，是负值行为。不论从社会价值还是个人价值来说，都是负值。特别是有些见义勇为者，自己根本不会游泳还往水里跳，自己没做任何防护就跑进中毒场所去，这纯粹是瞎胡闹，拿生命开玩笑。所以，见义勇为也要先掂一掂自己，有没有能力去勇为，做好了勇为的准备没有？自己是莽撞行事还是成竹在胸？能不能救人？自己安不安全？先想清楚了再救人，才是真正的聪明，才是"见义智为"，而不是盲为，才能收到救人的效果。否则，不如不为。

（7）偶尔一次犯规，天不会塌下来。

有的人，特别是那些平常不太自律，对自己要求不严的人，总认为偶尔一次犯规没啥，哪有那么巧灾祸恰恰就被我碰上？可有时候事情就是那么巧，从来不犯规的人，偶尔犯了这么一次，就搭进了性命。所以，这种观念也一定要及早抛弃。千万不要认为偶尔一次没什么，不怕一万，就怕万一，有时候一万次违规可能都没事，但偶尔的一次违规偏偏就有事，而且一旦有事往往是不可挽回的，天真的就会塌下来。所以，要改变这种错误的观念，严格律己，绝不犯规，才更安全。

（8）有工伤保险，事故无所谓。

有的员工上班时大大咧咧，根本不在乎冒险，也改不掉疏忽大意的毛病，因为他们认为这没有关系，不就是受点伤吗？有工伤保险，我怕什么？这真是很可怕的观念。

是的，现在基本上大多数人都有工伤保险，但是工伤保险就真的能保你无虞吗？工伤保险保的是出了事故受了伤甚至死亡以后的一点儿补偿，它能保你不出事吗？自己的安全自己管，你自己都不把安全当回事，神仙也保不了你不出事。

再说了，即便出事了有工伤保险的补偿，但补偿数额远远小于员工所受的伤害。而且保险能补医药费，难道也能保证你受伤了不痛不难受吗？这痛还得你自己来受吧？如果在事故中死亡，那就更别指望保险了，再多的保险也与你没有任何关系了，命都没有了，还要那些有什么用？

所以，只有真真正正遵守各项安全规章制度，安全操作，避免事故的发生，才是每位员工应该做的，也是员工最佳的选择，因为安全是员工最大的福利，健康的身体是从事其他一切事情的基础。

错误的安全观念导致的是错误的行为，错误的行为导致的将是可怕的后果。因此必须摒弃那些会影响我们行为的错误的安全观念，将安全植根于意识之中，让正确的安全观念成为一种习惯，我们才能真正安全每一天，保得生命安全。

第二章
盯紧安全责任,生命不能有一丝一毫的闪失

　　安全重在责任,责任护卫生命。责任是安全的屏障,责任是生命的保安。只有强化安全意识,增强责任心,把责任落实到位,严格按规章办事,不漏过任何一个细节,把自己的责任承担起来,生命的安全才有保障。一旦有半点不负责任,付出的可能就是生命的代价。

安全就是责任,负责任才能保护生命

责任是安全的前提,安全是生命的基石。对安全负责,就是对生命负责。负起责任就能保证生命的安全,不负责任就会付出生命的代价。一个对安全不负责任,对生命不懂珍爱的人,是不可能享受到安全的快乐和生命的美好的。

某日中班,某矿安检员马师傅和往常一样到井下检查安全生产情况,当他走到距掘进头60米处,发现锚网巷道有道钢带梁因顶板下沉被压断,且顶板有漏水现象,并伴有岩石的破碎声。富有井下安检经验的马师傅凭直觉觉得这是一种不祥的征兆,于是迅速上前去弄个究竟。这时,在距掘进头25米处,有9名工人正在加固木棚子,一位工人在里面检修掘进机,还有5位工人正在安装绞车。安检员边走边大声呼喊要求大家马上撤走,员工们没干完活不愿撤离,马师傅严厉地要求撤走,大家不得不撤走。

就在大家撤走不到20分钟,马师傅刚向井上汇报完,还没来得及处理,就听到"轰、轰"的响声,果然发生了长7米、宽3米、高3米的大面积冒顶事故。工人们都惊呆了,无不庆幸刚才撤退及时,更感谢马师傅的及时提醒。这时候的马师傅温和多了,笑着说:"发现危险提醒大家,就是我的职

第二章
盯紧安全责任，生命不能有一丝一毫的闪失

责。要是刚才我没有发现危险，没有提醒大家，就是我的失职了！"

●●●●●

责任是安全的保护神，责任是安全的避风港，只有责任能保证安全，只有责任能护卫生命。

生命是宝贵的，它对于我们每个人只有一次，如果我们不重视安全，不珍惜自己的生命，就会造成不堪设想的后果。因此，不论我们在哪一个岗位，做什么样的工作，责任永远是第一位的。

●●●●●

2007年12月6日早晨，在哈尔滨市香坊区哈平路上，203路公交车司机何国强在车辆行驶过程中突发脑溢血。昏迷前，这名司机以惊人的毅力，克服头晕、视物不清和一侧肢体瘫痪等困难，将公交车稳稳地停靠在路边，用最后一丝力气提起手动车闸，接着打开车门，请乘客下车，然后将发动机熄火，在保证了车上20多名乘客的安全之后，这名年仅33岁的司机趴在方向盘上停止了呼吸。

●●●●●

这位平凡的公交车司机，在生命的最后一刻也不忘自己的责任，用生命对"责任"做出了诠释，保证了20多名乘客的生命安全，避免了一起重大的伤亡事故。

只有责任才能保证安全，只有责任才能保护生命。当一位老师，要负起责任才能保证学生的生命安全；当一名医生，病人的生命由你掌握，你的责任心直接决定病人的生死；当一名法官，手握的是无数人的生死大权，如果不负责任，不知会有多少冤死的鬼魂；即使是一名清洁工，如果不把地上的污渍打扫干净，使人摔倒，也会伤人性命；当一名司机，一车人的安危都系于一身，负责任和不负责任，对于众人的安危与否更是影响巨大。所以，每一个员工都要对自己的安全负责，对自己的生命负责。

2 不负责任就会付出生命的代价

责任带来安全，责任保护生命。负起责任就能保证生命安全，不负责任就会付出生命的代价，这已是被无数次证明过的真理。对员工来说，承担安全责任，是守住生命最高的价值。哪怕是1%的责任心，只要你坚守着责任，不放弃，责任就可以为你带来不可思议的勇气和智慧，带来希望。反之，漠视责任、忽视责任，带来的就是生命的消逝！

前几年在某医院就发生过这样一起惨烈的事故：一个刚出生12天的婴儿，因早产一直待在医院的保温箱内。没想到竟然死在了责任心的缺失下。当晚8时左右，医院突然停电。为了便于观察，当时值班护士就在暖箱的塑料边上粘上两根蜡烛。当天晚上10时50分，护士张某接班后，见蜡烛快烧完了，就在原位置上又续上一根新蜡烛。第二天凌晨5时左右，张某在未告诉任何人的情况下，将婴儿独自留下去卫生间，当她返回后，发现蜡烛已经引燃了暖箱，这名婴儿因呼入燃烧的有毒气体窒息而亡。

对于别人的生命来说，不负责任就等于杀人；对于自己来说，不负责任就等于自杀。任何时候、任何地方，或是任何环境下，责任永远是做好工作的首要因素，生命安全也不例外。责任是安全的最后一道保

第二章
盯紧安全责任，生命不能有一丝一毫的闪失

险，强烈的责任心才能保证生命的安全。不负责任，安全就会沦为一句空话，生命的明灯就会因此而熄灭。

只有责任才能带来安全，不负责任就会付出生命的代价，就会伤害到人的宝贵的生命，有时是别人的生命，更多的可能是自己的生命。

●●●●●

2008年6月28日，位于兰州市的解放军第一医院收治了首例患"肾结石"病症的婴幼儿，据家长们反映，孩子从出生起就一直食用河北石家庄三鹿集团所产的三鹿婴幼儿奶粉。7月中旬，甘肃省卫生厅接到医院婴儿泌尿结石病例报告后，随即展开调查，并报告了卫生部。随后短短两个多月，该医院收治的患婴人数就迅速扩大到14名。此后，全国陆续报道因食用三鹿乳制品而受害的病例一度达几百例，数名婴儿死亡，事态之严重，令人震惊！在全国引起了极大的反响。

随后查明，之所以吃此奶粉的婴儿会患上"肾结石"，甚至因此而死亡，是因为这种奶粉中添加了一种不应当添加的化学药品——三聚氰胺，三鹿公司的负责人很早就知道收购奶粉的中间商有这样的违规动作，却没有负到检查验收的责任，任由这样的不合格奶粉流向市场，毒害了无数婴儿。这是严重的责任事故。三鹿高层及收购鲜奶的商贩们都得到了应有的惩处，三鹿公司董事长被判处无期徒刑。

●●●●●

责任是安全的保障，对安全负责，才能对生命负责。不论我们在哪一个岗位，做什么样的工作，责任永远是第一位的。因为只有责任才能保证安全，只有责任才能保护生命。不负责任，就会付出生命的代价。每一个人都应当把这一点牢记在心。

生命只有一次　且行且珍惜
Shengming zhiyou yici qie xing qie zhenxi

3

盯紧岗位责任，保证上班一分钟安全六十秒

一份工作就是一份责任，你的岗位就是你的责任。不管做什么样的工作，不管在什么样的岗位上，只要上岗一分钟，就必须保证安全六十秒。这是一个员工最基本的职责，也是一个人珍爱自己的生命的方式。

某矿碎石车间的岗位职工正在打扫岗位卫生，为岗位交接班做准备。由于生产任务紧，皮带运输机仍在运输矿石。11#皮带岗位操作工吴某像往常一样冲洗岗位上的皮带运输机。为了能按时下班，他不顾皮带还在运行，用橡胶水管冲洗皮带运输机的各部位。当他冲洗完皮带南面的平台后，水管要收捡到皮带的北面去。这时，吴某走近皮带的主动轮与减速机靠背轮处甩水管过皮带，因靠背轮缺少安全罩，吴某的上衣也未扣好，在使劲甩水管时，吴某的上衣被靠背轮螺杆挂住旋转，将吴某绞死在皮带减速机靠背轮下面。

这起事故发生的主要原因：一是吴某违反安全操作规程中"严禁在设备运行中冲洗岗位及隔机传递工具物品"的规定；二是存在事故隐患，即减速机靠背轮缺少安全罩，没有及时整

第二章
盯紧安全责任，生命不能有一丝一毫的闪失

改；三是吴某习惯性作业，心存侥幸，麻痹大意，丧失了岗位责任心。

这是一起典型的安全责任心不强而造成的惨痛事故，工作了一天，在最后要下班的时候急于一时，将自己应负的安全责任抛诸脑后。当家人和朋友都在翘首企盼他回家的时候，他却再也没有办法回家了，这是多么惨痛的教训啊！为了让我们有个安宁和幸福的家庭，为了我们自己的生命，只要在岗一分钟，就要确保安全六十秒。为了自己，为了他人，一定要消除一切不安全行为，消除一切安全隐患，将自己的安全责任落实到位。

岗位就意味着安全责任，在其岗就要负其责。我们的岗位，需要的是一份安全责任。在岗一分钟，安全六十秒，我们每个人都应该做到这一点。员工是企业责任承担的主体，有着强烈责任心的员工，是岗位责任制落到实处的保证。一个具有安全责任的员工，就是工作的"保险丝"。当一名司机手握方向盘的那一刻，就将全车人的生命安全责任担在了肩上。拥有强烈责任感的人，会将安全这根弦绷得紧紧的，不敢有丝毫的懈怠。

岗位连着责任，责任系着岗位，二者不可分离。每个人，无论从事什么样的职位、做什么事情，都有与之相对应的责任，也会有与之相应的权利。安全就是自己最大的责任，这不仅仅是为了企业的效益，为了岗位的安全，更是为了自己的安全，为了生命的安全！所以，务必牢记岗位安全，务必做到在岗一分钟，安全六十秒。

4 牢记"三不伤害",保护生命是每一个人义不容辞的责任

保护生命不受伤害,是每一个人的基本责任。不仅仅保护自己,也要保护他人。因而,我们在岗位工作中务必牢记"三不伤害"的原则,即"不伤害自己,不伤害他人,不被他人伤害"。这也是我国为减少生产中的人为事故而采取的一种互相监督、互相督促的安全生产原则,也是保障生命安全的重要保证。其实质就是"自己的安全自己负责,他人的安全我也有责,企业安全我要尽责",总之一句话,保护生命安全是我们每一个人义不容辞的职责。"三不伤害"的要求具体为:

(1)不伤害自己。

不伤害自己,就是要提高自我保护意识,不能由于自己的疏忽、大意、失误甚至冒险而使自己受到伤害。上班时一定要严格按照"操作规程"作业,在任何时候都不能违章作业,并且要严格按要求佩戴劳动保护用品,在作业中知道如何保护自己,以达到不伤害自己的目的。当然,最为关键的是要有珍爱生命的意识,时时把安全放在心中,握在手上。

古时候有个禅师,他双目失明,但是每次他走夜路时都打着灯笼,旁边的人看见了,非常奇怪,有个人就去问他:"你

第二章
盯紧安全责任，生命不能有一丝一毫的闪失

明明看不见为什么还打着灯笼呢？"

禅师说："我听别人说，每到晚上，人们都变成了和我一样的盲人，因为夜晚没有灯光，所以我就在晚上打着灯笼出来。"

旁人说："原来你所做的一切都是为了别人。"

禅师摇摇头，说："不是，我为的是自己！我的灯笼既为别人照了亮，也让别人看到了我，这样他们就不会因为看不见我而撞到我了。"

自己的生命需要自己来珍惜，自己不管好自己的安全，指望他人怎么可能保险？这位智慧的禅师说出的正是"不伤害自己"的真谛。

（2）不伤害他人。

不伤害他人，就是自己的行为或后果，不能给他人造成伤害。在多人共同作业时，由于自己不遵守操作规程，对作业现场周围观察不够以及自己操作失误等原因，可能对现场周围的人员造成伤害。他人的生命与你的一样宝贵，不应该被忽视。我们要尽到自己的责任，站好自己的一班岗，绝不能因为自己的责任而伤害到别人。这就是失职，失责，就是对生命的不尊重，就应当承担责任的后果！

在南京市，一名女子与三名同伴在华联商厦购物。在六楼购物完毕后，女子独自前往北侧电梯间搭乘电梯下楼。其间，商厦方面正在对楼内三部电梯进行安装更新。女子按下六楼电梯键后，一扇电梯门打开，她踏入电梯井中，却直接坠落到一楼地面，当场死亡。

事故原因是商厦正在维修电梯，电梯不能使用，并且在每一层楼电梯间都用两米高的木板，挡住了电梯口，木板上还粘贴有"华联商厦电梯维修"的告示。

然而事故发生时，女子按开的电梯前却并没有警示标志。原来，当时施工人员正在安装和调试电梯，电梯厢停留在七楼。六楼原本是有警示标志的，但是施工人员为了调试方便，暂时将警示标志拿走了。却没有想到，这一不负责任的行为却毁灭了一个宝贵的生命！

原本只是一次再普通不过的逛商场，却演变成一场以血作为结局的悲剧，而原因就是维修员和保安为了一时方便将电梯维修的警示标志拿走了，没有尽到自己这个岗位上应当尽到的安全职责！

不负责任就会毁灭生命，血淋淋的事故再一次证明了这一真理。同时也告诫我们，不管在任何岗位上，牢记"不伤害别人"也是非常重要的安全准则。这就要求我们时刻为他人着想，在工作中时时刻刻绷紧安全这根弦，严格遵守劳动纪律，坚持按章作业，在操作中不要有任何侥幸心理，保护同事，保护工友，也保护顾客，保护他人。

《论语》中有一句名言："己所不欲，勿施于人。"这句话告诉我们：自己不想要的事物，不要施舍给别人。自己受到伤害时，悲伤痛苦，痛不欲生。这种感觉自己不想要，就要想到不让别人受到同样的伤害，遭受同样的痛苦。这就是"不伤害他人"的责任。

（3）不被他人伤害。

不被他人伤害，就要求我们要加强自我防范意识，时刻记得保护自己，避免他人的行为对自己造成伤害。人的生命是脆弱的，变化的环境蕴含多种可能失控的风险，自己的生命安全不应该由他人随意伤害。每一个员工都要树立强烈的自我保护意识。不仅自己不要有"三违"行为，还要及时发现和防止他人有"三违"行为，在作业中，要坚决抵制"违章指挥"，坚持不安全不生产，时刻保持警惕，保证自身安全。只要我们人人都做到"三不伤害"，安全就有了保障，生命就不会受到任何威胁。

"三不伤害"原则，融会了中国从古到今的智慧。尽管只有短短的三句话，却包含着深刻的义理。只有做到"三不伤害"，才能保证安全生产的环境，也才能保障安全生产过程。安全工作中，害人就是害己，肇事者不会因为自己的错误受到伤害，也会因为自己的错误而受到法律的制裁。但是，只要在工作中，人人都认真落实"三不伤害"原则，

第二章
盯紧安全责任,生命不能有一丝一毫的闪失

切实负起自己的安全责任,我们的生命安全也就多了一重保障。

5 杜绝麻痹大意,生命来不得丝毫的闪失

在安全上,负责尽责就绝不会麻痹大意,因为麻痹大意往往是造成事故的重要原因,而生命却经不起任何的疏忽,来不得丝毫的闪失。有时候也许只不过是心里的一闪念、手下的一个小失误,就会导致无数生命的消逝!

2003年发生的震惊中外的中石油川东北气矿"12·23"特大井喷事故,造成243人死亡、4000多人受伤,疏散转移6万多人,是我国石油行业类似事故伤亡最为惨重的一次。而事故发生以及形成如此严重后果的原因,就是麻痹大意,一连串的疏忽和责任心的缺失。

2003年12月20日下午,四川石油管理局钻采工艺技术研究院定向井服务中心罗家16H井现场技术服务组在监测该井钻进作业中的井眼轨迹时,地面监测仪没有接收到安装在井下的无线随钻测斜仪发出的信号。现场技术服务组负责人王建东怀疑是测斜仪发生故障,决定起钻检查。

12月21日16时许,王建东带人检测发现,无线随钻测斜仪确已损坏,决定更换安装QDT无线随钻测斜仪,重新制定钻具组合。尽管王建东明知罗家16H井已经钻开油气层,却

| 31

不顾安全隐患,麻痹大意,忽视回压阀在钻井安全中的重要性,违章卸下原钻具组合中的回压阀防井喷装置,并告知了钻井队技术员宋涛。

宋涛身为钻井队井控管理人员,明知这一行为违规且有责任拒绝,却违反有关规章制度,没有表示异议,指令有关人员填写班组作业计划书,并对接班工人宣布了卸下回压阀的指令。

当晚21时许,王建东指令当班工人将已下钻的钻具重新起至钻台,卸下了钻具组合中的回压阀。而卸下回压阀的行为,正是导致"12·23"井喷失控的直接原因。

对于王建东、宋涛这一潜伏重大事故隐患的严重违章行为,钻井队队长、井队井控工作第一责任人吴斌没有认真履行工作职责,工作严重不负责任,既未按规定参加班前会,又未审查班报表,致使回压阀被卸的重大事故隐患未能及时发现。

12月23日2时52分,当罗家16H井钻至井深4049.68米时,因定向钻进进展不顺,需起钻以调整钻具组合来控制井眼轨迹。19时至20时,钻井12队副司钻向一明带领本班组3名钻工在钻台上具体实施起钻作业。

按照井队针对罗家16H井的特殊规定,向一明在负责灌注钻井液时,每起出3柱钻杆必须灌满钻井液一次,以保持井下液柱压力,防止溢流发生,确保井控作业安全。然而,向一明却违反操作规程,起出6柱钻杆后才灌注钻井液一次,致使井下液柱压力下降。事故专家组的鉴定报告认为:起钻过程中存在违章操作,钻井液灌注不符合规定是造成溢流并导致井喷的主要原因。23日14时至20时,地质服务公司录井4小队录井工肖先素在罗家16H井录井房值班。依照工作职责,他应当监测起钻过程中的钻井液灌入量和起钻柱数。但是,当录井监测仪显示出钻台上连续起出9柱钻杆而未灌注钻井液的严重违章行为时,肖先素却未能及时发现这一严重违章行为,随后

第二章
盯紧安全责任，生命不能有一丝一毫的闪失

发现了也未立即报告当班司钻，致使重大事故隐患未能得到及时排除，导致重大井喷事故发生，大量有毒气体喷出井外。

12月24日凌晨1时许，川东钻探公司安全和井控总监吴华接到原川东钻探公司经理欧书伟电话，转告四川石油管理局胥永杰副局长"绝不能死一人"的指示。当天上午10时30分左右，他又听到"可能有人死亡"的情况汇报。但是，在事故现场物资条件具备的情况下，吴华仍未安排专人对井场进行踏勘。

11时30分左右，当吴华确知已有人因硫化氢中毒死亡后，却没有依照公司《应急工作手册》的相关规定尽快组织实施点火，将硫化氢有毒气体充分燃烧，以"防止二次事故，阻断危害物源"。由于事先未能准确地掌握井口的喷势情况，他最终未能当机立断地做出点火指令。直至当天14时许，吴华才决定组织实施放喷点火。由于事先未制定点火方案，直至16时许方点火成功。而这时，已经造成重大人员伤亡及毒气污染范围迅速扩大等极为严重的后果。

国务院专家调查组的事故鉴定报告认为，各责任人一连串的严重失职导致井喷发生，而井喷失控以后，指挥决策严重失误，没有及时对放喷管线实施点火，以致大量含有高浓度硫化氢的有害气体喷出，导致了事故的急速扩大和恶化。

●●●●●

可见，安全是容不得半分的麻痹大意，生命是来不得丝毫的闪失的。只要稍稍有一点儿责任未到位，都极有可能造成重大生命损失。

然而，在实际工作和生活中，很多人并没有注意到麻痹大意和粗心疏忽的严重性，做事马马虎虎，大大咧咧，粗心大意，盲目自信，不认真，不仔细，相信自己以往的经验，认为技术过硬，保准出不了问题。但越是这样大意事故就越触目惊心。

千里之堤，溃于蚁穴。多少次安全事故的发生，都与生产一线的安全措施不到位有关。其实有很多安全问题大部分都是很明显的，往往是"明火"，而不是"隐患"。问题不是藏得很深发现不了，也不是困难很

大解决不了,而是人们对眼前问题缺乏较真的精神,马马虎虎,得过且过,问题积少成多,最终酿成大祸。

所以,珍爱生命,高度的责任心必不可少。因为生命不能容忍一丝一毫的疏忽和大意,因为生命经不起任何细微的闪失。只有把责任放在心上,任何时候都牢记"生命第一"的准则,守好自己的责任,尽到自己的职责,时时刻刻都把责任放在心上,具有高度的责任心的人,才是勇于负责的员工,安全的员工,珍爱生命、把生命放在第一位的员工,幸福和快乐的员工。

越是小细节越需要高度的责任心

每次看到多米诺骨牌游戏,心中都有一种特别的感受,那就是人们花费几个小时,甚至更长时间精心布置的连续竖立牌体,往往因为一个小小的、不经意的触碰,便会在顷刻之间以排山倒海之势倒落,且无一幸免,那种场面令人猝不及防,又倍感无奈。特别是对照着安全管理来思考这个现象,就更会在心里产生强烈的触动。因为安全与多米诺骨牌特别像:不管我们对安全工作做了多少准备,付出了多少心血,甚至多么万无一失、滴水不漏,但只要有哪怕细如绣花针的小失误,有一点点甚至是微不足道的不负责,其结果也会像多米诺骨牌那样产生连锁反应,最终造成全盘皆输、一切成空的惨痛后果。这就是安全的脆弱性。

20世纪90年代初的某一天,原本是一个普通的日子,但

第二章
盯紧安全责任，生命不能有一丝一毫的闪失

对于某县级小医院来说，却是一个非同寻常的日子。因为这一天在该医院将首次由本院医生主刀实施一例心脏手术。

为了这第一次能取得成功，该院数月来厉兵秣马，从院长、手术医生、麻醉医生到护士，各方人员严阵以待。术前，主刀医生一次又一次地对4岁的小患者（患有先天性心脏病）的状况做详细的检查；为了稳定小患者的情绪，护士们想尽了各种办法，打消小患者的恐惧；麻醉医生制定了周密的麻醉方案，一切情况良好。每一个细节都演练了许多遍，直到各个环节烂熟于心，有关人员确信手术万无一失。所有的人员都相信，这一次破先例手术的成功一定水到渠成。为了给这历史上的第一次留下纪念，医院还特地邀请了电视台做现场报道。

然而，手术当天，作为手术室的副护士长，也是本次手术的巡回护士，在上班途中由于自行车轮胎爆裂，晚到了医院20分钟。因为晚了，她无法像正常情况下那么从容。从不迟到的副护士长有些慌乱，忙乱中没有卡住第一关：切实核对患者的姓名、症状和手术要求，只是问了一下护士，患者是否已经做好准备。护士说准备好了，已经从病房送到手术室。麻醉医生、手术医生居然也都未认真地在把病人送进手术间前亲自核对病人，因为他们都认为已经万无一失。偏偏和这位小患者同时手术的还有一个5岁的患儿，准备做扁桃体摘除，偏偏两个孩子的身量看上去差不多。错误的第一步开始了，且一错再错，结果是：该做心脏手术的摘了扁桃体；该做扁桃体手术的开了心，还输错了血。细小的环节失误酿造出了巨大的事故：两名患儿死亡。

每一次事故大多是由不起眼的细小的隐患导致的。细节决定成败，成败关乎安全，安全维系生命。安全工作有时并不是我们只要按程序做就能做好的。当我们把所有的工作都全面做好时，也可能因为一点点的责任不到位，甚至一个小小的失误，比如一个螺丝的松动、一点儿轻微

生命只有一次 且行且珍惜

的碰触，就前功尽弃，失去宝贵的生命。所以，越是细节越需要认真，越需要谨慎，越需要负责，越需要把工作做到百分之百，才能真正把生命的安全握在手中。

细节，是生产生活中平凡、零碎、细小不引人注目的小事，容易让人忽略轻视。但它的作用却不可估量。一粒沙就是一个世界，一朵花就是一个天堂。很多事情，看起来是那么复杂，实际上仔细观察，会发现其实一切都在细节中呈现。

安全工作也是这样，看起来微不足道的细节元素，正是安全生产中的命脉之穴，任何侥幸马虎都是危险的。细节决定成败，细节决定安全生产。所以在安全生产中我们就要从一顶安全帽、一把扳手、一把钳子、一双手套、一个梯子的规范开始。工作过程中要多想一想，多看一看，多检查一下，多提醒一句。坚决堵住细节的漏洞，筑牢安全生产的堤坝，才能为生命安全筑起牢固的防线。

某日，某维修厂正在维修厂外深井拔泵。由于螺帽锈死了，只好用气割将螺杆割断。最后一颗螺杆已经割断，可是还余下半截怎么也取不掉。员工王某说："无论如何也要去掉，不然掉下来会伤人的。"员工刘某说："砸都砸不掉，咋会掉下来，不碍事的。"就这样，吊车将那携带着半截螺杆的水管吊起到8米高。就在大家卸下面的螺杆时，刚才那半截弄不掉的螺杆却真的掉了下来，不偏不斜正好砸到刚才说掉不下来的刘某的头上，刘某栽倒在地，当场身亡。

生命就是如此脆弱！一点点的小疏忽也会导致生命的凋落。一个又一个生命的意外逝去，一件又一件触目惊心的惨案，一次又一次用鲜血写就的教训，昭示的全都是细节、责任和谨慎对于安全、对于生命的重要。

细节是什么？细节就是电解槽气缸上的一个快接头；就是汽车上一颗小小的螺丝；就是危险地段树立起的一块警示牌；就是进入车间时随手戴在头上的安全帽；就是喝开水时的一个杯垫；就是做完事之后多看

第二章
盯紧安全责任,生命不能有一丝一毫的闪失

一眼;就是上岗之前的一声叮咛……细节很琐碎、很不起眼,但事故的魔鬼恰恰就藏身其间,如果我们在细节上稍有疏忽大意,稍有不负责任,或是忽略了哪怕一点点的责任,或者只是瞬间的注意力不集中,都有可能带走我们宝贵的生命。

所以,越是细节越需要认真、仔细,越是小事越需要高度的责任心。因为只有责任心才能保证细节的完美,只有完美的细节才能保得生命的无虞!

不找借口,不逃避,不推卸,把安全责任落到实处

研究表明,96%的安全事故是由不安全行为造成的,只有4%是由不安全环境条件造成的,可以说一切安全事故都是可以避免的。事故能否避免,靠的就是责任。

然而,每次事故发生后,不管是大是小,总有一些人会找到借口,说不关自己的事。要么说这是设备老化引起的,要么说设计时存在缺陷,要么说自己非常忙没有时间顾及等,来为自己开脱,逃避责任。

如果说是设备老化,在事故发生之前,为什么不对设备进行维保、检修、更换、加强检查?如果说是设计存在缺陷,为什么当初不先进行验收及改正?如果说忙没有时间顾及,为什么在使用过程中没有去发现问题?

生命只有一次 且行且珍惜

可见，这些理由无非是推托责任的一种借口而已。借口就是自己给自己开脱责任的理由，是逃避困难和责任，获得自我心理安慰的一种手段。然而，找借口能保证安全吗？找借口能让逝去的生命起死回生吗？找借口能摆脱掉自己的责任吗？

北京某炼铁厂发生了一起由于控制室人员脱岗和操作错误，造成8名检修人员2死6伤的重大事故。

这天，北京某炼铁厂2号高炉正在生产过程中，在2号高炉水冲渣控制室的当班人员是白某和王某。这天下午14时48分，炉前工通知放渣结束，要求停两台冲渣泵。此时，冲渣控制室内值班操作工王某脱岗，不知去向，值班天车工白某放下电话，径直走向操作台进行停泵操作，停完冲渣泵之后，他既没有观察仪表盘上地下贮水池的水位显示，也没有检查过滤池阀门的开关位置，仅凭以往的习惯顺手掀动了三个返洗阀开关。这一盲目的顺手操作，造成地下贮水池内82度高温水，沿着500毫米粗的管道骤然向过滤池上返。此时，距冲渣控制室百米之遥的6号滤池内，检修队队长张某正带领7个人下到池内，用电钻疏通6号过滤池底钢板的渗水孔。

14时50分，检修队队长张某发觉钢板下情况异常，热水随着蒸汽直往上冒。他派姜某快去冲渣控制室通知停泵，8名检修工则分别站到池底两根工字钢上，等待停泵后返水自然回落。姜某飞快地跑到冲渣控制室，对白某大声说："快停泵，6号滤池返水了。"

听说过滤池返水，白某有点紧张，他前一天就听班长交代过，今天白班有配合检修的计划，可没引起重视。他一边说："没事儿，没事儿，水马上就下去"，一边来到控制台前，按下两个控制钮，就把姜某打发走了。实际上，白某根本没有找到控制6号滤池断水阀门的位置，无意中反而又捅开了一个返

第二章
盯紧安全责任，生命不能有一丝一毫的闪失

洗阀，加大了返水量。姜某还没回到6号滤池边，就见另一名检修工跑过来，边跑边喊："水没有退，都没脚脖子了，快去停泵。"14时53分，白某听说水没退下去，急得不知所措，怎么也找不着断水的阀门，转身慌慌张张地跑出冲渣控制室，四处寻找擅自脱岗的王某。当王某随白某跑回操作室，时间已过去8分钟，就在这生死攸关的8分钟里，已经造成8名检修工2死6伤的严重后果。事故发生后，王某却找借口说自己生病了，拉肚子去上厕所了。但这样的借口怎能消除这起重大事故的责任呢？白某则借口自己是为了给王某帮忙才出的错，但这样的借口有用吗？这样的借口能挽回8名检修工的伤亡吗？正是因为王某不负责任，当班期间擅自离岗脱岗，白某不负责任，擅自开动自己不熟悉的机械才导致了这样严重的事故，任何借口和辩解也于事无补。

安全没有借口，安全只有责任，要安全就绝不能找借口。安全是我们的责任，除了百分之百地负责，我们没有任何借口和理由。除了奉行安全第一的理念，想尽一切办法，完成好自己的安全工作和任务，我们没有任何其他的方法。也绝不能找任何借口，哪怕是看似合理的借口。

自己的责任要自己承担。不要以"这不是我的职责""老板没要求我这么做"为理由，推卸责任，置身事外，而应该抱着"安全就是我的事"的信念，认认真真负起自己应负的责任，把安全责任落到实处，才能保证生命的安全。

要把安全责任落实，不是一时一刻负责任，而是时时刻刻负责任。做事之前要想到后果；做事过程中尽量让事情向好的方向发展，防止坏的结果出现；出了问题敢于承担责任，事前、事中、事后，责任心贯穿始终，而不是不出事不管事，出了事就找理由、找借口推脱责任。那样的人是管不好安全的，也不可能保得自己和他人生命安全。只有时时刻刻都把责任放在心上，具有高度的责任心的人，才是真正安全的员工，才是长久平安的员工。

第三章
做好自我防护，把生命安全紧紧地握在自己手中

自己的安全必须自己管，自己的生命务必自己珍惜，指望别人是没有用的。只有切切实实做好自我防护，提高生命安全意识，警惕一切威胁生命安全的因素，才能将自己的生命紧紧握在自己的手中。任何时候都要牢记：珍惜美好的生命，关键在于自己。

生命只有一次 且行且珍惜
Shengming zhiyou yici qie xing qie zhenxi

1

自己的生命自己爱，自己的安全自己管

自己的生命要自己珍惜，自己的安全只有靠自己，指望别人是不保险的。这样的道理，相信每一个人都明白。所以，不管在任何时候，我们都要有珍惜生命的意识，时刻牢记"生命第一"的准则，不管什么时候，都要把生命放在第一位，避开一切可能威胁生命的事物，消除一切可能伤害生命的隐患，打造最坚实的防护罩，做好生命防护，才能把生命紧紧地握在自己手中，保护自己不受任何伤害。

然而，在现实生活中，却还有很多人并没有真正明白生命的珍贵，并没有真正把"生命第一"放在心上，轻视生命、漠视安全的人大有人在，因为忽视安全而失去生命的人也并不在少数。

近些年，全国每年发生的各类事故都在100万起左右，死亡人数在13万人以上。其中一次死亡10到29人的特大事故，平均3天就有一起；一次死亡30人以上的特别重大事故，平均30天一起。2003年上半年，全国共发生一次死亡10人以上特大事故68起，死亡1238人。据国家统计局发布的《2010年国民经济和社会发展统计公报》显示，2010年全年各类生产安全事故共死亡79552人！而这些生命逝去的背后，是近8万个破碎的家庭和数万伤心的亲人！

第三章

做好自我防护，把生命安全紧紧地握在自己手中

如果再深入地分析，还会发现，有很多的安全事故以及生命消逝的事故，原因都是因为我们自己，因为我们自己的安全意识不够，因为我们自己对生命的珍视程度不够，因为我们自己没有做好对自身的防护。

生命是需要精心地呵护和好好地珍惜的，因为生命本身脆弱无比。我们身处的这个世界纷繁复杂，气象万千，人类不过是其中的一粒微尘，可能受到任何的伤害，不说别的，只是风雨雷电、山川河流、动物植物，就潜藏了数不清的危险和灾难。在现代社会，各种高技术在为人们带来方便快捷的同时也隐藏了更多的危险于其中。工作中、生活中、在路上、在游戏中，甚至吃饭、睡觉这样简单自然的事情，如果不注意防范，也可能伤害到我们的生命。生命的大海中有太多的暗礁，太多的恶浪；生命的路上有太多的荆棘，太多的坎坷；生命的征程里有太多的危机，太多的灾祸；生命的过程中危险无处不在，无时不在，因而安全事故也就如影随形，时时发生。有不可避免的天灾，像地震、洪水、大风；有人祸，像恐怖袭击、爆炸、凶杀；而更多的却是因为我们的疏忽和大意导致的事故……

如果我们自己不珍惜自己的生命，如果我们自己不好好地保护自己，如果我们自己不把自己的安全攥在手里，还有谁能保障我们的安全？还有谁能保护我们的生命？如果我们自己都不呵护自己，我们的生命难免会受到伤害，从而让我们自己、让我们的家人陷入无尽的悲痛和悔恨之中。

2005 年，某市公安局刑警支队技术科副科长李某带领 3 名干警到曾被海盗劫持的运载棕榈油的巴拿马籍油轮采集棕榈油样品。在舱面顺利采集了前 4 个船舱的油样，第 5 个船舱因油平面较低，民工田某主动请缨进入船舱采样，在没有佩戴防护用品的情况下，他从舱顶部仅有的一个椭圆形开口，沿着垂直舷梯进入船舱，头部进入舱顶开口不久，立即晕倒掉进油舱。带队刑警李某见状，在没有佩戴防护用品的情况下冲下船舱，同样晕倒掉进油舱中。在舱面的另一名民工郭某在没有佩

戴防护用品的情况下也冲下船舱救人，下了几个梯级后，他感觉不适，大叫有毒，不能下人，并极力上爬，但力不从心，最终摔落到船舱的平台上。其他人员见此情况，不敢再下船舱救人，只能请求救援。由于港口没有事故应急救援设施，只好向40多公里外的市消防队求救。待救援人员将事故舱的内容物泵出舱外并紧急送风，再派人戴上防毒面具下舱救人，此时已花了近5小时，3人已死亡多时。

事后，该省职业病防治院会同该市卫生防疫站人员在市公安局刑警支队技术科刑警的陪同下到事故现场调查。打开事故舱盖板时，立即闻到一股臭鸡蛋气味。证实为硫化氢中毒。

这就是没有做好个人防护的悲剧。无论任何时候，我们都要强调加强个人防护的重要性。因为只有切切实实做好了防护工作，才能真正防范事故的发生。否则，一不小心就有可能酿成悲剧。所以每一个职工都要切实做好个人防护工作，根据自身的工作特点，做好职业防护，保护自己的生命，才能真正把生命握在手中。否则，悲剧还会不断发生。

2007年酷夏，高温笼罩，热浪滚滚，数十年不遇的高温，让全国各地气温攀升居高不下，而且持续了很长一段时间。由于缺少必要的防护措施，致使全国多人因中暑身亡。

在南京，一名环卫临时工下班回家后猝死，初步判断为中暑身亡。

在上海，有一家电连锁店的送货司机在送货途中突然中暑，不幸猝死。

在成都，一名建筑工人中暑，因多处脏器衰竭，医治无效死亡。

在杭州，一位木工因高温户外作业中暑晕倒，从二楼工作平台坠落，被工友送往医院抢救，让其他同行惶恐不已。

而根据东莞市120急救指挥中心的统计资料，2007年8月

第三章
做好自我防护，把生命安全紧紧地握在自己手中

的连日高温令该市共有15人中暑不幸身亡。中暑者多为高温下作业的建筑工人。

生命如此脆弱！很小的疏忽也会导致生命的凋落，一个又一个生命的意外逝去，一件又一件触目惊心的惨案，一次又一次用鲜血写就的教训，明白无误地告诉我们，自己的生命一定要自己珍惜，自己的安全一定要自己呵护，任何时候都要把生命放在第一位，珍惜自己，做好防护，不让生命受一点点的伤害。

生命高于一切，珍惜生命，注重安全，是每一个人、每一个员工都应该牢记在心的准则。如果没有这种意识，拿自己的生命开玩笑，必然会导致生命的凋落。所以，珍爱自己的生命，呵护自己的安全，做好防护，保护生命，是我们每一个人应当时时警醒、时时坚守的底线。

上班时务必穿好、戴好防护用品

工作期间的个人防护，主要是保证上班时的安全和健康，别让职业因素危害到我们的健康和安全。上班时的个人防护，首要的就是严格按照规定、及时、正确地穿好防护衣物，戴好防护用品，让我们身处安全的环境之中，才能有效地把职业危害减到最小，保护自己少受伤害甚至不受伤害。防护用品的具体使用方法如下：

（1）防护服。

①白帆布防护服能使人体免受高温的烘烤，并有耐燃烧的特点，主

要用于冶炼、浇注和焊接等工种。

②劳动布防护服对人体起一般屏蔽保护作用，主要用于非高温、重体力作业的工种，如检修、起重和电气等工种。

③棉平布防护服能对人体起一般屏蔽防护作用，主要用于后勤和职能人员等岗位。

（2）防护手套。

①厚帆布手套多用于高温、重体力劳动，如炼钢、铸造等工种。

②薄帆布、纱线、分指手套主要用于检修工、起重机司机和配电工等工种。

③翻毛皮革长手套主要用于焊接工种。

④橡胶或涂橡胶手套主要用于电气、铸造等工种。

戴各种手套时，注意不要让手腕裸露出来，以防在作业时焊接火星或其他有害物溅入袖内造成伤害；操作各类机床或在有被夹挤危险的地方作业时严禁戴手套。

（3）防护鞋。

①橡胶鞋有绝缘保护作用，主要用于电力、水力清砂、露天作业等岗位。

②球鞋有绝缘、防滑保护作用，主要用于检修、起重机司机、电气等工种。

③钢包头皮鞋用于铸造、炼钢等工种。

（4）安全帽。

①正确佩戴安全帽的方法：

a. 首先应该检查安全帽的外壳是否破损，有无合格帽衬，帽带是否完好。

b. 帽衬和帽壳不得紧贴，应有一定间隙（帽衬顶部间隙为20~50mm，四周为5~20mm）。

c. 安全帽必须戴正。如果戴歪了，一旦受到打击，就起不到减轻对头部冲击的作用。当有物料落到安全帽壳上时，帽衬可起到缓冲作

第三章
做好自我防护，把生命安全紧紧地握在自己手中

用，防止颈椎受到伤害。

d. 必须系紧下颚带。当人体发生坠落时，由于安全帽戴在头部，起到对头部的保护作用。

②安全帽使用注意事项如下：

a. 要有下颏带和后帽箍并拴系牢固，以防帽子滑落与碰掉。

b. 热塑性安全帽可用清水冲洗，不得用热水浸泡，不能放在暖气片、火炉上烘烤，以防帽体变形。不能把安全帽当坐垫用，以防变形，降低防护作用。

c. 安全帽使用超过规定限值，或者受过较严重的冲击后，虽然肉眼看不到裂纹，也应予以更换。发现帽子有龟裂、下凹和磨损等情况，要立即更换。

d. 佩戴安全帽前，应检查各配件有无损坏，装配是否牢固，帽衬调节部分是否卡紧，绳带是否系紧等，确信各部件完好后方可使用。

（5）面罩和护目镜。

①防辐射面罩主要用于焊接作业，防止焊接中产生的强光、紫外线和金属飞屑损伤面部，防毒面具要注意滤毒材料的性能。

②防打击的护目镜能防止金属、砂屑、钢液等飞溅物对眼部的伤害，多用于机床操作、铸造捣冒口等工种。

③防辐射护目镜能防止有害红外线、耀眼的可见光和紫外线对眼部的伤害，主要用于冶炼、浇注、烧割和铸造热处理等工种。这种护目镜大多与帽檐连在一起，有固定的，也有可以上下翻动的。

（6）呼吸防护器。

呼吸防护器主要用于防止有毒气体及粉尘的吸入。根据结构和原理呼吸防护器可分为自吸过滤式和送风隔离式两大类。自吸过滤式分为机械过滤和化学过滤两种，机械过滤主要用于防止粒径小于 5um 呼吸性粉尘的吸入，通常称为防尘口罩和防尘面具；化学过滤主要用于防止有毒气体、蒸气、毒烟雾等的吸入，通常称为防毒面具。

隔离式呼吸器用在缺氧、尘毒污染严重、情况不明或有生命危险的

工作场合。

（7）护耳器。

其作用主要是防止噪声危害。进入噪声环境，一定要及时戴上，不然长期处在噪声环境中对听力的影响是非常大的，会形成职业性耳聋。

（8）安全带。

安全带是防止高处作业坠落的防护用品，使用时要注意以下事项：

①在基准面2米以上作业须系安全带。

②使用时应将安全带系在腰部，挂钩要扣在不低于作业者所处水平位置的可靠处，不能扣在作业者的下方位置，以防坠落时加大冲击力，使人受伤。

③要经常检查安全带缝制部分和挂钩部分，发现断裂或磨损，要及时修理或更换。如果保护套丢失，要加上后再用。在使用安全带时，应检查安全带的部件是否完整，有无损伤，金属配件的各种环不得是焊接件，边缘光滑，产品上应有"安鉴证"。

④使用围杆安全带时，围杆绳上有保护套，不允许在地面上随意拖着绳走，以免损伤绳套，影响主绳。

⑤悬挂安全带不得低挂高用，因为低挂高用在坠落时受到的冲击力大，对人体伤害也大。

⑥严禁使用打结和续接的安全绳，以防坠落时腰部受到较大冲力伤害。

⑦作业时应将安全带的钩、环挂在系留点上，各卡接扣紧，以防脱落。

⑧在温度较低的环境中使用安全带时，要注意防止安全绳的硬化割裂。

⑨使用后，将安全带、绳卷成盘放在无化学试剂、避光处，切不可折叠。在金属配件上涂些机油，以防生锈。

（9）防酸碱用品。

防酸碱用品是保护工人在生产作业环境中免受酸碱危害的个体防护

用品。按防护用品原料可分为：橡胶防酸碱用品，塑料防酸碱用品和毛、丝、合成纤维织物防酸碱用品等类；按防护部位可分为：防酸碱工作服、手套、靴，防酸面罩和面具等类。

个人防护用品的使用者必须按照劳动防护用品使用规则和防护要求正确使用劳动防护用品。使用前要对其防护功能进行严格检查，对于损坏或磨损严重的必须及时更换。

小心防范，别让职业病伤害生命

从某种意义上而言，所有的职业都会对健康产生危害。因为长期处于同一种工作环境之中，哪怕微弱的不利因素长期影响，都会对人体的健康产生一定的影响。只不过因为职业的不同和环境的差异，影响也各不相同而已。

如果员工处于的是一些污染严重、职业危险程度高的环境，如粉尘、化学性毒物、高温高湿或是低温环境，就会引发职业病。

职业病是指职工在生产环境中由于工业毒物、不良气象条件、生物因素、不合理的劳动组织以及一般卫生条件恶劣的职业性毒害而引起的疾病。例如，从事矿山开采、翻砂造型、玻璃、陶浇等作业的工人，因长期接触含二氧化硅的粉尘而得矽肺；从事冶炼、蓄电池、铸铅字、钳制品等的工人，因接触烟、尘而患铅中毒等。现在还有各种新型的诸如"白领综合征""过劳症""办公室职业病"的产生，职业危害的范围越来越宽泛，危害也越来越广。

生命只有一次 且行且珍惜

2006年4月25日，在全国职业病防治通报会上卫生部发布了"职业病高发行业的职工体检报告"。据该报告统计，我国煤炭、化工、冶金、电力、建材、电子、轻工等几大职业病高发行业现有4633952名在岗职工，54%参加了2005年的职业健康体检，发现134244人有职业病。其中，几大行业现有职业病人人数分别为：煤炭业68080人、化工业3375人、冶金业20280人、电力业3537人、建材业8020人、电子业704人、轻工业5492人、其他24756人。

2002年，中国颁布实施了《中华人民共和国安全生产法》和《中华人民共和国职业病防治法》，为职业安全卫生工作奠定了坚实的法律基础。但是，随着经济的快速发展，职业危害仍然是影响职工生命健康的突出问题。有人形容，职业危害这种不流血的"渐进式死亡"，远远大于矿难、车祸等流血的"立即式死亡"。据悉，仅死于尘肺病的患者就是矿难和其他工伤事故死亡人数的数倍。

中国卫生部门公布的全国职业病危害重点人群的资料显示，目前全国涉及有毒有害品企业超过1600万家，接触职业病危害因素的人数超过2亿。

如此庞大的职业病群体，让人触目惊心。但这并不是一种职业或是一种疾病。按照国务院卫生行政部门会同国务院劳动保障行政部门最新公布的我国的职业病分为十大类115种，包括：

一、尘肺

1. 矽肺
2. 煤工尘肺
3. 石墨尘肺
4. 炭黑尘肺

5. 石棉肺

6. 滑石尘肺

7. 水泥尘肺

8. 云母尘肺

9. 陶工尘肺

10. 铝尘肺

11. 电焊工尘肺

12. 铸工尘肺

13. 根据《尘肺病诊断标准》和《尘肺病理诊断标准》可以诊断的其他尘肺

二、职业性放射性疾病

1. 外照射急性放射病

2. 外照射亚急性放射病

3. 外照射慢性放射病

4. 内照射放射病

5. 放射性皮肤疾病

6. 放射性肿瘤

7. 放射性骨损伤

8. 放射性甲状腺疾病

9. 放射性性腺疾病

10. 放射复合伤

11. 根据《职业性放射性疾病诊断标准（总则）》可以诊断的其他放射性损伤

三、职业中毒

1. 铅及其化合物中毒（不包括四乙基铅）

2. 汞及其化合物中毒

3. 锰及其化合物中毒

4. 镉及其化合物中毒

5. 铍病
6. 铊及其化合物中毒
7. 钡及其化合物中毒
8. 钒及其化合物中毒
9. 磷及其化合物中毒
10. 砷及其化合物中毒
11. 铀中毒
12. 砷化氢中毒
13. 氯气中毒
14. 二氧化硫中毒
15. 光气中毒
16. 氨中毒
17. 偏二甲基肼中毒
18. 氮氧化合物中毒
19. 一氧化碳中毒
20. 二硫化碳中毒
21. 硫化氢中毒
22. 磷化氢、磷化锌、磷化铝中毒
23. 工业性氟病
24. 氰及腈类化合物中毒
25. 四乙基铅中毒
26. 有机锡中毒
27. 羰基镍中毒
28. 苯中毒
29. 甲苯中毒
30. 二甲苯中毒
31. 正己烷中毒
32. 汽油中毒

33. 一甲胺中毒

34. 有机氟聚合物单体及其热裂解物中毒

35. 二氯乙烷中毒

36. 四氯化碳中毒

37. 氯乙烯中毒

38. 三氯乙烯中毒

39. 氯丙烯中毒

40. 氯丁二烯中毒

41. 苯的氨基及硝基化合物（不包括三硝基甲苯）中毒

42. 三硝基甲苯中毒

43. 甲醇中毒

44. 酚中毒

45. 五氯酚（钠）中毒

46. 甲醛中毒

47. 硫酸二甲酯中毒

48. 丙烯酰胺中毒

49. 二甲基甲酰胺中毒

50. 有机磷农药中毒

51. 氨基甲酸酯类农药中毒

52. 杀虫脒中毒

53. 溴甲烷中毒

54. 拟除虫菊酯类农药中毒

55. 根据《职业性中毒性肝病诊断标准》可以诊断的职业性中毒性肝病

56. 根据《职业性急性化学物中毒诊断标准（总则)》可以诊断的其他职业性急性中毒

四、物理因素所致职业病

1. 中暑

2. 减压病

3. 高原病

4. 航空病

5. 手臂振动病

五、生物因素所致职业病

1. 炭疽

2. 森林脑炎

3. 布氏杆菌病

六、职业性皮肤病

1. 接触性皮炎

2. 光敏性皮炎

3. 电光性皮炎

4. 黑变病

5. 痤疮

6. 溃疡

7. 化学性皮肤灼伤

8. 根据《职业性皮肤病诊断标准（总则）》可以诊断的其他职业性皮肤病

七、职业性眼病

1. 化学性眼部灼伤

2. 电光性眼炎

3. 职业性白内障（含放射性白内障、三硝基甲苯白内障）

八、职业性耳鼻喉口腔疾病

1. 噪声聋

2. 铬鼻病

3. 牙酸蚀病

九、职业性肿瘤

1. 石棉所致肺癌、间皮瘤

2. 联苯胺所致膀胱癌

3. 苯所致白血病

4. 氯甲醚所致肺癌

5. 砷所致肺癌、皮肤癌

6. 氯乙烯所致肝血管肉瘤

7. 焦炉工人肺癌

8. 铬酸盐制造业工人肺癌

十、其他职业病

1. 金属烟热

2. 职业性哮喘

3. 职业性变态反应性肺泡炎

4. 棉尘病

5. 煤矿井下工人滑囊炎

近年来随着职业的变化和工作环境的改变，出现了很多新型的职业病，都还没有进入这个法定的职业病量表里面。一般而言，职业病只要早防早治，对身体的影响不会很大。但确实有一些职业病是很危险的，甚至可以危害生命，如尘肺病。所以，员工一定要有"生命第一"的意识，积极加强各种职业病的防护，切实防范职业危害，减少职业病的发生，更不能让职业病危害到我们的生命。

特别是对于一些特殊的作业人员，必须严格遵守防护规定，做好全面防护，这关系到身体的长期健康和安全，千万不可忽视。

（1）预防职业中毒。

职业中毒是一种人为的疾病，采取合理有效的措施，就可使接触毒物的作业人员避免中毒。

①根除毒物或降低毒物浓度，如用无毒或低毒物质代替有毒或剧毒物质。但不是所有毒物都能找到无毒、低毒的代替物，因此在生产过程中控制毒物浓度的措施很重要，如采取密闭生产和局部通风排毒的方法，减少接触毒物的机会；合理布局工序，将有害物质发生源布置在下

风侧。

②做好个体防护,这是重要的辅助措施。个体防护用品包括防护帽、防护眼镜、防护面罩、防护服、呼吸防护器、皮肤防护用品等。毒物进入人体的门户,除呼吸道、皮肤外,还有口腔。因此,作业人员不要在作业现场内吃东西、吸烟,下班后要洗澡,不要将工作服穿回家。

(2) 预防各种尘肺病。

生产性粉尘是指在生产中形成的,并能长时间飘浮在作业场所空气中的固体颗粒。生产性粉尘的来源非常广,在生产环境中,单一粉尘存在的情况较少,大多数情况下两种以上粉尘混合存在。生产性粉尘根据其理化特性和作用特点不同,可引起不同的疾病。

①呼吸系统疾病。长期吸入不同种类的粉尘可导致不同类型的尘肺病或其他肺部疾患。我国按病因将尘肺病分为12种,并作为法定尘肺列入职业病名单目录,它们是硅肺、煤工尘肺、石墨尘肺、炭黑尘肺、石棉肺、滑石尘肺、水泥尘肺、云母尘肺、陶工尘肺、铝尘肺、电焊工尘肺、铸工尘肺。

②中毒。吸入铅、锰、砷等粉尘,可导致全身性中毒。

③呼吸系统肿瘤。石棉、放射性矿物、镍、铬等粉尘均可导致肺部肿瘤。

④局部刺激性疾病。如金属磨料可引起角膜损伤、浑浊,沥青粉尘可引起光感性皮炎等。

预防尘肺病的措施主要有:

消除或降低粉尘是预防尘肺病最根本的措施。通过革新生产设备、实现自动化作业,避免操作人员接触粉尘;采用湿式作业,可在很大程度上防止粉尘飞扬,降低作业场所粉尘浓度;对不能采用湿式作业的场所,应采用密闭抽风除尘方法。作业中接触粉尘的人员,在作业现场防尘、降尘措施难以使粉尘浓度降至符合作业场所卫生标准的条件下,一定要佩戴防尘护具。防尘效果较好的有防尘安全帽、送风口罩等,适用于粉尘浓度高的环境;在粉尘浓度较低的环境中,佩戴防尘口罩有一定

第三章
做好自我防护，把生命安全紧紧地握在自己手中

的预防作用。

（3）预防中暑。

在高气温或同时存在高湿度或热辐射的不良气象条件下进行的劳动，通称为高温作业。

高温可使作业人员感到热、头晕、心慌、烦、渴、无力、疲倦等，可出现一系列生理功能的改变，高温环境下发生的急性疾病是中暑，按发病机理可分为热射病、日射病、热衰竭和热痉挛。

防暑降温措施：

①改善作业环境。预防中暑的关键在于改善高温作业环境，使作业场所的气象条件符合国家规定的卫生标准。在高温班组内合理布置热源，避免作业人员周围受到热源作用。尽可能把各种加热设备置于班组之外。温度很高的产品应尽快运出班组，如果热源不能移动，应采取隔热措施。通风是防暑降温的重要措施，应加强自然通风，使班组内的高温从高窗或气孔排出。班组屋顶可安装风帽，墙角可开窗加强通风。当自然通风不能将余热全部排出时，应采用机械通风。

②加强个体防护。高温作业人员应穿耐热、坚固、导热系数小、透气功能好的浅色工作服，根据防护需要，穿戴手套、鞋套、护腿、眼镜、面罩、工作帽等。

③采取必要的组织措施和保健措施。制定合理的劳动和休息制度，调整作息时间，采取多班次工作办法；合理布置工间休息地点；加强宣传教育，使作业人员自觉遵守高温作业安全卫生规程；定期检测作业场所的气象条件；实行医务监督，对高温作业人员定期进行体检；为高温作业人员提供清凉饮料。

（4）预防职业性耳聋症和振动病。

噪声对人体的影响是多方面的。首先是对听觉器官的损害，长时间接触一定强度的噪声，会引起听力下降和噪声性耳聋；此外对神经系统、心血管系统及全身其他器官也有不同程度的影响，可出现头痛、头晕、睡眠障碍等病症，长期接触较强的噪声可引起血压持续升高，还可

出现胃肠功能紊乱，胃蠕动减慢等变化。

长期受外界振动的影响可引起振动病。按振动对人体作用方式的不同分为全身振动和局部振动。强烈的全身振动，可使交感神经处于紧张状态，出现血压升高、心率加快、胃肠不适等症状。全身振动引起的这些功能性改变，在脱离振动环境和休息后，大多能自行恢复。局部振动病或称手臂振动病，是由于长期接触过量的局部振动，引起手部末梢循环或手臂神经功能障碍。该病的典型表现是手指发白（白指症），并伴有麻、胀、痛的感觉，手心多汗。

防止噪声与振动的措施：

要防止噪声、振动对身体的危害，应从以下三个方面入手：

①消除或降低噪声、振动源，采用无声或低声设备代替发出强噪声的设备，如以焊接代替铆接、锤击成型改为液压成型等；机械设备应装在橡皮、软木上，避免与地板直接接触；工具的金属部件改用塑料或橡胶，以减弱因撞击而产生的噪声和振动。

②控制噪声、振动的传播，如采用吸声、隔声、隔振、阻尼等手段。

③做好个人防护，如果作业场所的噪声、振动暂时不能得到有效控制，则加强个人防护是避免遭受危害的有效措施，如在高噪声环境中作业时，佩戴耳塞就是最便捷的防护方法，必要时应佩戴耳罩、帽盔。为防止振动病，作业场所要注意防寒保暖，振动性工具的手柄温度如能保持40℃，对预防振动性白指有较好的效果；合理使用个人防护用品，特别是防振手套、减振坐椅等。

（5）预防职业辐射。

①非电离辐射的防护。由于电磁场辐射源所产生的场能随距离的增大而减弱，所以在不影响操作的前提下尽量远离辐射源；避免在辐射流的正前方作业，可有效防止微波辐射。为防止辐射线直接作用于人体，合理地使用防护用品是十分重要的。穿戴金属防护服可防止射频辐射，穿戴微波屏蔽服、红外线防护服、防护帽、防护眼镜等可防止微波、红

第三章
做好自我防护，把生命安全紧紧地握在自己手中

外线辐射。激光和红外线防护的重点是对眼睛的保护，除佩戴防护眼镜外，还要定期检查眼睛。

②对电离辐射的防护。作业人员要熟悉操作程序和安全操作规程，工作前应认真做好各项准备，如熟悉所用辐射性核元素的放射强度；工作结束后应及时清理用具，清除放射性污染物；在离开作业场所时应洗手或沐浴。正确使用防护用品，如穿戴工作服、防护镜、口罩、面盾等。在放射性工作场所内严禁饮食、喝水、抽烟和存放食品。

（6）高处作业的防护。

所谓高处作业是指人在以一定位置为基准的高处进行的作业。国家标准 JGB 3608—1993《高处作业分级》规定："凡在坠落高度基准面 2m 以上（含 2m）有可能坠落的高处进行作业，都称为高处作业。"

①高处坠落事故在建筑施工中经常发生，要避免此类事故，必须配齐安全帽、安全带和安全网，它们被称为建筑施工的"三宝"。

②高处作业人员，一般每年需要进行一次体格检查。患有心脏病、高血压、精神病、癫痫病的人，不可从事这类作业。

③高处作业人员的衣着要符合规定，不可赤膊裸身。脚下要穿软底防滑鞋，绝不能穿拖鞋、硬底鞋和带钉易滑的靴鞋。操作时要严格遵守各项安全操作规程和劳动纪律。

④攀登和悬空作业（如架子工、结构安装工等）人员危险性都比较大，因而对此类人员应该进行培训和考试，在取得合格证后再执证上岗。

⑤高处作业中所使用的物料应该堆放平稳，不可放置在临边或洞口附近，也不可妨碍通行和装卸。

⑥安全使用梯子的方法：

梯子使用前必须进行外观检查，发现有不符合安全要求的地方，必须立即进行修理或更换。使用梯子的安全要求如下：

第一，人员在上下梯子时必须面部朝支撑梯子的建（构）物或支撑物体方向；严禁手持工具或物体上下梯子。

第二，在梯子上工作应备工具袋，严禁两个人以上站在同一架梯子上同时作业，梯子的最高两档不得站人，人在梯子上作业时或人站在梯子上时严禁移动梯子。

第三，梯子一般不宜接长使用，如必须接长使用时，应用铁卡子或铁线绑扎牢固，并加设支撑，确认无误后，方可使用。严禁将梯子放置在不稳固的物体上使用。

第四，使用梯子时，如不能用绳索支撑固定稳时，应由专人在下面扶持，应做好防止落物打伤扶持人员的安全措施，在通道处使用梯子时，应设专人监护或设置临时围栏。

第五，在门窗或转动机构附近使用梯子时，应采取必要的隔离防护措施。

每一个员工所处的岗位不同，所需要掌握的技能也不一样，但有一点是一样的——只有真正熟练扎实地掌握了应当掌握的岗位安全技能，才能真正保障我们的生命安全。

4 不懂不会的千万不要去碰

从很大程度上而言，要保证安全，就务必要懂要会，只有对安全的要求了然于心，才能手到病除，消除安全的隐患，保证真正的安全。这就要求我们有十足的把握，绝不能有半点失误。因为一旦失误，很有可能就会导致生命的消逝。所以，不懂不会的千万不要去动去碰。

第三章
做好自我防护，把生命安全紧紧地握在自己手中

1998年6月的一天，某站驼峰溜放作业，按照规定，溜放前要拉尽车辆制动缸里的充风。一般来说，风拉尽了，制动缸的制动杆就会自动收缩，可那天制动缸的制动杆没进风缸。按规定，这样的车是不能进行溜放作业的，可那位拉风制动员不知该如何处理，一咬牙，一跺脚，二话不说就放车辆上峰了，后面的事可想而知，发生了追尾，幸运的是没有造成人员伤亡。

事后在分析会上那位制动员后悔地说："你们说我不懂规章不遵守规章，我不承认，我知道带风车辆是不能上峰作业的，可制动杆不进去，我又不会处理，只能碰碰运气了。"

明明不会处理，却偏偏逞能，冒险去操作，想"碰碰运气"，试想，这样的技能水平，能碰上好运气吗？这是多危险的行为啊，还好这次事故没有造成人员伤亡。

其实工作中这样的情况是相当多的，有的是不同岗位的员工为了帮忙，对自己不熟悉的工作勉强去做；有的是为了逞能，明明自己不会，却偏偏要去一展身手；有的是自己没有学会，硬着头皮勉强操作，想"碰碰运气"……不论是哪一种，都是相当危险的，因为技能是安全的护身符，你不懂不会的，安全就绝不会有保障，生命又怎么会有保障呢？

不懂不会的千万不要去碰。特别是对于一些特殊作业，更需要有过硬的技能、有专业的证书才能上岗位操作，技能不合格或没有取得正式操作证件的人，都切不可能随便去操作，那样只会带来危险、伤害生命，害自己也害别人。

一天，某单位办公室的保险丝烧断了，几个女同事说请电工来修理，办公室的会计为了在女同事面前显示自己懂电工知识，就鲁莽地上去接保险丝。几个女同事看到他学雷锋，主动

做好事，就一起给他鼓掌，表示感谢。他更来了精神，结果发现保险丝盒是新型的，以前他没有见过，不知道怎么接，想退下来，可是下面的女同事还鼓着掌呢，他担心没了面子，只能硬着头皮接。结果他突然触电，被电流击中身体，手上拽着电线掉在地上。女同事们吓坏了，赶紧来拉他，谁知道也被电击中，导致三个人死亡的重大事故。

不懂不会，逞什么能呢？况且是"电老虎"这么危险的地方。有这样的心理，出事也就没有什么好奇怪的了。

对于像电工、机械切削、电焊切割、锅炉、压力容器、电梯、起重机械等特殊设备的操作，是需要严格持证上岗的。没有上岗证，绝不允许随便操作。这是国家明令规定的。《国务院关于进一步加强安全生产工作的通知》中指出：要强化企业职工安全培训，企业主要负责人和安全生产管、特殊工种人员一律严格考核，按国家有关规定持职业资格证书上岗；职工必须全部经过培训合格后上岗。国家多次把安全教育作为安全生产的重中之重，但是，员工安全知识缺乏、安全技能不熟的事时有发生，一些特种作业的员工甚至没有从业资格证。毫不夸张地说，这些员工就是在拿自己的生命开玩笑，在向死神挑战。

2010年11月15日，上海市静安区胶州路728号公寓大楼发生特别重大火灾事故，造成58人死亡，71人受伤，直接经济损失1.58亿元，震惊全国。

事故调查组经过调查取证，查清了事故原因、性质和责任。事故的直接原因：在胶州路728号公寓大楼节能综合改造项目施工过程中，两名施工人员无证违规在10层电梯前室北窗外进行电焊作业，电焊溅落的金属熔融物引燃下方9层位置脚手架防护平台上堆积的聚氨酯保温材料碎块、碎屑引发火灾。

第三章
做好自我防护，把生命安全紧紧地握在自己手中

两名既没有进行专业理论知识培训和考试，又没有进行专业技能考核的无证人员，从事特种作业工作，不懂特种作业工作的特殊性，又不知道特种作业应注意的事项，在无人监管和无安全措施的情况下造成了这起震惊全国的特大火灾事故，教训深刻。可见，不懂不会的千万不可乱碰，一碰就会出问题，一碰就会有危险，一碰就会伤害生命。

要求持证上岗是安监部门管理安全生产的一个重要手段，也是企业必须具备和做好的基础工作，是保证质量和安全的有效措施。对员工来说，持证上岗也是保障自己安全的必要措施。

持证上岗使每个在岗位上的作业人员都知道自己应该做什么、应该怎么做，有没有资格做，有没有能力做。充分认识持证上岗的重要性和必性，实施持证上岗制度是规范安全行为的重要保证。没有上岗证，不懂不会，就千万不可以去随便乱动乱碰，这既是保护自己的生命，也是爱惜别人的生命。

养成生活好习惯，把生命握在自己手中

珍爱生命，呵护自己，除了时刻注意安全之外，健康也是半点不能忽视的。因为健康是生命的前提，失去健康我们也会失去生命。只有养成健康生活的好习惯，时刻关爱健康、关爱生命，才能长久地把生命握在自己手中，让幸福永远相伴。

健康与习惯密不可分。世界卫生组织指出：20年后什么最可怕？艾滋病？癌症？都不是，而是不好的生活方式。到2015年，发达国家

和发展中国家的死亡原因大致相同，都是生活方式病。这意味着大量的死亡将来源于我们的生活本身——不健康的生活方式：不良饮食习惯，精神紧张，缺少运动，嗜好烟酒……即使是目前，居于死因前几位的慢性非传染性疾病也多源于生活方式。

可惜不少人对此往往认识不足，认为习惯只是个人生活的小事，却不知健康就"藏"在习惯中。好的生活习惯就是健康的银行，天天在储蓄健康，所以，懂得生命可贵、珍爱生命的人，一定要着力培养自己的健康生活方式和习惯。这些习惯包括：

（1）锻炼身体。

每天坚持锻炼，哪怕十分钟，对健康的好处也是极为可观的。特别是每天有规律地锻炼，不仅可以促进血液循环，增加抵抗力，对于强健肌肉和骨骼、增加肌体能力，都利莫大焉。而且不分什么方式的运动，只要坚持都能有良好的健身作用。比如慢跑、基础瑜伽、普拉提、散步、游泳、骑车……都是不错的选择。

（2）注意口腔卫生。

经常用杀菌漱口水定期漱口可以促进口腔卫生，还可以避免其他疾病。口腔不卫生和齿龈疾病还可以导致包括糖尿病在内的其他疾病。精心护理牙齿，不是越使劲越能把牙齿刷干净，相反，会磨损牙质，从而导致牙周疾病。最好改用软毛、牙刷头小的牙刷，减少对牙龈的冲击。

每次刷牙的时候，别忘了轻柔地刷刷舌头，这样对健康会大有好处。

用牙线剔牙，不只可以降低蛀牙的概率，还可以保护你的心脏。根据牙周病学会指出，罹患牙周病的人比一般人容易罹患冠状动脉疾病。

或许你觉得买大块头的"家庭装"牙膏更方便合算，但是，如果你或者家人的牙刷压在牙膏的开口上，而偏偏这时有口腔疾病，细菌就会留在牙膏开口处，在家庭成员中继续传播。所以，最好使用小袋牙膏，以便能经常更换新的牙膏。

第三章
做好自我防护，把生命安全紧紧地握在自己手中

（3）绝不熬夜。

由于生活节奏的加快，不少人感到白天时间不够用，常利用晚上去干那些白天未干完的工作，甚至成为习以为常的事；还有一些实在是因为太忙不得不利用晚上的时间加班加点赶工作；还有的人是因为特殊的爱好不得不在晚上熬夜。另外，五光十色的夜生活已在城镇兴起，有的深夜还泡在舞厅、歌厅里，看通宵电影或参加其他娱乐活动，这其实会对身体产生严重的伤害，甚至猝死，所以千万不能养成这样的坏习惯。

2006年6月的足球世界杯期间，就发生了多起球迷彻夜观赛后猝死的悲剧。43岁的杭州女球迷魏女士有高血压病史，所以选择看每天的第一场球赛。但即使这样，与平常的作息时间表比起来，她每晚还是晚睡了两个小时。长期的熬夜让她产生了过劳，以至于在6月14日晚看到韩国队最后连进两球反超多哥队后，过于兴奋，突然猝死。

这已经是这一年世界杯期间第五起因看球而猝死的事件了。

6月9日晚，24岁的长沙青年王某与几个同事一起在酒吧里看球赛，喝了不少啤酒，情绪高昂。大约在10日凌晨4时，王某瞳孔放大，停止了呼吸。

6月10日晚，一名27岁、患有心脏病的香港青年不眠不休地连续追看英格兰对巴拉圭等三场世界杯赛事，通宵达旦观赛后仍不肯罢休，接着看赛后片段，至清晨时分才睡觉，结果在11日上午11时被家人发现猝死家中。

12日晚在杭州一家浴场，一名女子被发现死在总统套间内的椅子上。据了解，她和一帮朋友在此通宵达旦看世界杯，最终她因疲劳过度，加上洗桑拿时环境闷热等原因而导致心源性猝死。

也是12日，温州一名33岁的男子在观看世界杯赛时，因

生命只有一次　且行且珍惜

过度兴奋而突发脑溢血身亡。珠海一名60多岁的老先生通宵看完球赛后突感身体不适，紧急入院抢救不治身亡。

从健康的角度讲，熬夜的害处多多。因为人若经常熬夜最容易疲劳、精神不振，人体的免疫力也会跟着下降。感冒、胃肠感染、过敏等都会找上你，特别是心律不齐、猝死等这些严重伤害生命的症状，更为可怕。所以有这样的坏习惯的人得赶快调整过来，养成良好的睡眠习惯。

晚上最迟不应晚于11点睡着。晚上9~11点为免疫系统（淋巴）排毒时间，此段时间应安静或听音乐；晚间11点~凌晨1点，肝的排毒，需在熟睡中进行。凌晨1~3点，胆的排毒，亦同。凌晨3~5点，肺的排毒。此即为何咳嗽的人在这段时间咳得最剧烈，因排毒动作已走到肺；不应用止咳药，以免抑制废积物的排除。凌晨5~7点，大肠的排毒，应上厕所排便。

早上7~9点，小肠大量吸收营养的时段，应吃早餐。疗病者最好早吃，在6点半前，养生者在7点半前，不吃早餐者应改变习惯，即使拖到9、10点吃都比不吃好。

半夜至凌晨4点为脊椎造血时段，必须熟睡，不宜熬夜。

（4）吃一顿营养早餐。

吃一顿优质的早餐可以让人在早晨思考敏锐，反应灵活，并提高学习和工作效率，而且有吃早餐习惯的人比较不容易发胖，记忆力也比较好。早餐必须具备三项条件：一要有足够水分；二要有足够的能量；三要有足够的蛋白质。一顿理想的抗压早餐是富含蛋白质、碳水化合物以及纤维的早餐，如由稀饭（碳水化合物）、瘦肉或鸡蛋（蛋白质）、一个水果或一碟凉拌蔬菜（纤维素）构成的早餐。

（5）增加维生素摄入量。

每个人都需要维生素D，红大马哈鱼、鸡蛋和牛奶中都含有维生素D。维生素也是必需的，可以防止感冒。

（6）勤洗手。

洗手是很有效地避免细菌的方法，但是研究显示，很多人不注意便后洗手。专家建议，为了防止疾病，经常洗手很重要。在流感季节，每天应用肥皂多次洗手，因为你已经接触了各种各样的病原体。

（7）吃饭时把电视关掉。

研究儿童肥胖和生活习惯的学者发现，儿童在吃饭的时候看电视，容易影响食欲，所以吃饭时，最好关掉电视，专心地吃饭，好好享受桌上的食物。

（8）少发脾气。

根据研究，"敌意"低的人，血液的带氧腺体数目也会增加，带氧腺体就像高速公路上的开道车，可以让人的免疫细胞快速抵达病菌入侵现场。把坏脾气丢掉，更乐观地面对生活。研究表明，大笑可以减少压力荷尔蒙。

（9）戒烟。

抽一根烟会产生超过 4000 种化学物质，其中四十几种会致癌，吸烟者死于肺癌的人数是不吸烟者的 16 倍。戒除吸烟的习惯，不仅对自己的健康有利，也是对家人爱的表现。因为二手烟比一手烟还毒，已被世界卫生组织列为头号致癌物质，而孩子往往是二手烟最大的受害者。超过 1/4 的婴儿猝死是因为父母吸烟，导致婴儿吸入二手烟引起的。二手烟也会增加儿童气喘的次数，且加重病情。

（10）改掉不健康的坏习惯。

要养成健康的好习惯，肯定要改掉不健康的坏习惯才行，下面这些生活习惯是需要改正或是调整的，这样才更有利于健康。

一是每周没有固定的锻炼身体的时间。应当给自己设定一个固定的锻炼时间，每天不少于 30 分钟的运动，对健康益处多多。

二是小病就忍，不看看医生。这是非常不好的习惯，小病不看往往拖成大病，最终不可收拾。

三是经常不吃早餐。早餐的好处已经尽人皆知，如果你还有不吃早餐的习惯，务必从现在开始改正。

四是经常久坐不动。久坐不动对于健康的伤害几乎是从头到脚的，所以久坐不动是非常不利于健康的一种生活方式，务必立即改正，即便你真的很忙，那也得保证两个小时起来活动15分钟。

五是吃睡不规律性，作息混乱。不能保证充足的睡眠，每晚12点以前没睡过，颠倒黑白，生活混乱，一日三餐不能按时吃，吃饭饥一顿饱一顿，饿一顿撑一顿。长期这样，对身体的伤害是非常严重的，所以改改吧，为了生命，为了健康。

六是主食吃得很少。主食之所以是主食，是因为它是身体最重要而且必需的能量来源，如果长期不吃或是少吃主食，无疑会造成营养不良，伤害健康。即便要减肥，也应当以运动为主，不应当以少吃主食来减肥。

七是摄入新鲜的水果、蔬菜较少，爱吃油炸、煎类食物。建议每天一盘蔬菜，每天一个苹果。

八是长期处于高强度的工作或是压力之下，不能放松自己。长期的压力、恐惧和担心可以降低免疫力。持续的焦虑可以导致皮质醇和肾上腺素水平的升高，这些压力激素可以减弱身体的整体免疫力。持续的焦虑还会导致类固醇水平的升高。这都是不利于健康的，所以要培养乐观积极的生活态度，释放压力，快乐生活。

九是每天使用电脑不得超过6小时。

好习惯造就好身体，我们的健康来自我们良好的健康习惯。所以改掉坏习惯，养成好习惯，我们的健康自然有了保障，生命也就不会受到伤害。

第三章

做好自我防护，把生命安全紧紧地握在自己手中

及时防病治病，别让疾病毁掉生命

要想身体长久健康，及时有效的预防疾病是相当重要的。但现实情况却是很多人都把预防疾病排在很多事的后面，比如要上班，小病就算了，能拖就拖，能不治就不治，反正拖一拖，有时候也就好了。直到小病拖成了大病，无病变成了有病，甚至无法医治了，甚至失去生命了，才后悔不迭。这是最得不偿失的。其实很多疾病只要我们早预防早防范，是完全可以早治甚至避免的。

《黄帝内经》里说："上工不治已病治未病，不治已乱治未乱。"意思是说，高明的医生不是等到疾病发生了才去治疗，而是采取预防措施，防患于未然。因而"上医治未病，中医治病初，下医治病重"，也被称作医者三境界。

有一天，魏文王问名医扁鹊："你们家兄弟三人，都精于医术，到底哪一位最好呢？"扁鹊答说："长兄最好，中兄次之，我最差。"魏文王再问："那么为什么你最出名呢？"扁鹊答说："我长兄治病，能治病于病情发作之前。由于一般人不知道他事先能铲除病因，所以他的名气无法传出去。我二哥治病，是治病于病情初起之时，一般人以为他只能治轻微的小病，所以他的名气只及于本乡里。而我治病，是治病于病情严重之时，一般人都看到我内外用药，还动手术，以为医术高

明，名气就渐渐地响遍全国，甚至比我二位兄长更大了。"

这则故事不仅形象地说明了医者的三种不同的境界，更清楚地阐述了疾病发展的三种状态和最有效的防范疾病的方法。最好的医生是无病治病，也就是防病。防病胜于治病，没病的时候提前预防，才是治病的最高境界。对于疾病，预防永远胜于治疗。

人的健康发展到重病有一个运动变化的过程，在这个过程中，预防变化的发生，比治理变化结果更容易，对人体健康更有利。治"未病"远胜于治"已病"。"未病"指尚未患病的机体，"治未病"就是调养、调摄尚未患病的机体，防患于未然，防止疾病发生，可以一直保持身体的健康，也不会让生命受到伤害，是最有效的珍爱生命的方式。

但是，现实生活中又有多少人认识到防病比治病更重要呢？防病保健往往是"说起来重要，做起来次要，忙起来不要"，总是被这样那样的事情耽误了，以至于无病成了有病，小病成了大病，悔之晚矣。

实际上，许多看似凶顽险急的病，只要预防得早，就能轻松防治甚至全面革除，如子宫颈癌、高血压、糖尿病等一些慢性病，早防早治，都是可以彻底打灭这些疾病的嚣张气焰，让它们无力作祟的。

比如一些癌症，人们往往谈癌色变，实际上很多癌症都可以提前预防，并且有很好的预防效果。

有病再治，这种观念早已经落后了。无病早防才是真正健康地对待身体、对待疾病的态度。其实，健康原本不难，疾病原本并不可怕，医生也不像我们想象的那样神武英明。防病胜于治病，健康的关键在于预防，早防早治，自然能保健康。

预防不及时，必然会生病，但生病了不及时治疗，生命就更危险，小病不治会成大病。有病要及时治疗，这是谁都明白的道理。但在实际生活中，我们有很多人却因为这样那样的原因，没有把这些不起眼的小病放在眼里，可恰恰是这些小病让我们的健康受到极大损害，有时甚至是致命的损害。

第三章

做好自我防护，把生命安全紧紧地握在自己手中

2011年4月，"普华永道美女硕士猝死"事件引发了更多的人对员工健康的担忧，也引发了小病不治的讨论。

死亡的女子小婕（化名）为交大毕业的硕士研究生，年仅25岁，去年刚入职，在审计一组工作。小婕平时乐观开朗，人缘很好，深得同事的喜爱。不久前，她曾患病毒性感冒，但由于工作较忙，加上自己疏忽，并没有好好休息，等持续高烧时才去医院就诊，最终诱发急性脑膜炎，不幸去世。

网上的帖子称小婕是"过劳死"，但大部分普华永道的员工认为："确切地说，她是因为生病延误治疗才去世的。但这也说明，四大会计师事务所工作的确忙，且她自身也没注意休息。"

许多网友事后发帖提醒相关行业的员工注意休息，劳逸结合。特别是有病一定要早治，哪怕是小病，也得治好了再投入工作，不然小病拖成大病，就太不值得了。

小病不治成大病的事例数不胜数，甚至有很多死亡病例都是因为小病未能及时治疗而导致的，如这位年轻貌美的女硕士，因为小小的感冒，引发脑膜炎致其死亡，留下多少伤心和遗憾。

有许多的常见小病如果不治的话，都会演变成大病，如很普通很常见的感冒，如果不及时治就会引起很多严重的并发症，如急性眼结膜炎，还会引发中耳炎、鼻窦炎、颈淋巴结炎、咽后壁脓肿、支气管炎和肺炎、心肌炎、风湿热、肾炎、过敏性紫癜、类风湿关节炎、脑膜炎等。

可见哪怕是小小的感冒，不及时治疗的话也会引发诸多并发症，有的很严重。因此，一旦患上急性上呼吸道感染，大家千万不能掉以轻心，应及早进行有效、彻底的治疗，以绝后患。

所以，无病要防，有病要治，千万不可掉以轻心，千万别以为自己年轻，一切都好，就会刀枪不入，百病不侵，什么都不在乎，什么都不

害怕，任意挥霍生命，最终就会毁灭生命。所以，没有病也得经常体检，注意预防，有了小病更不能大意，小病不治，久拖必成大病，最终不是致残，就是导致死亡。只有把小病治好了，才能有效地防范大病的发生。千万不要为省钱或是以忙为借口拿自己的生命和健康开玩笑，那样只会让我们毁掉美好的生命，空留遗憾，徒增叹息，后悔晚矣。

7 掌握岗位安全技能，让娴熟的技能为生命保驾护航

过硬的专业技能是安全的通行证。要保证安全生产，最重要的一点就是要提高从业人员的专业技能，这是关键所在。对于每一个珍爱生命的人来说，掌握过硬的专业技能都是必需的、必要的，更是自己自觉的、必然的选择。因为只有掌握了娴熟的岗位安全技能，才能为我们的安全保架，为我们的生命护航。

（1）电工岗位安全技能。

预防触电的主要措施如下：

①电气作业人员对安全必须高度负责，应认真贯彻执行有关各项安全操作规程，安全技术措施必须落实。安装电气必须符合绝缘和隔离要求，拆除电气设备要彻底干净。电气设备金属外壳一定要有效接地。电气作业人员要正确使用绝缘的手套、鞋、垫、夹钳、杆和验电笔等安全防护品与工具：

②加强全员的防触电事故教育。提高全员防触电意识；健全安全用电制度；严禁无证人员从事电工作业；使用电气设备要严格执行安全规程。

③针对发生触电事故高峰值带有季节性的特点做好防范工作。据有关资料表明，6、7、8、9月发生的触电事故占全年发生数的70%左右，而7月发生数又占事故高峰期的40%以上。在高温多雨季节到来以前，要全面组织好电气安全检查，将流动式电动工具列入重点检查。也要做好日常对电气的保养、检查工作。

（2）切削加工岗位安全技能。

①操作者在上岗之前，应通过专门培训，取得相关设备操作证书。

②操作者在上岗之时，应首先熟悉机床特点，熟悉机床安全操作规程，掌握安全技术并接受专业人员的安全操作检查。

③检查机床安全防护装置，机床的危险部分是否有设计合理、安装可靠和不影响操作的防护装置（如防护罩、防护挡板和防护栏等），是否有松动或脱落等现象。如发现安全防护装置存在问题，应立即组织人员检修，经检验合格后方能启动机器；如发现有松动或脱落现象，应紧固设备、夹具、工件，保持设备处于安全状态，保持工件固定可靠。

④检查机床上的安全保险装置，如超负荷保险装置、行程保险装置、顺序动作连锁装置和制动装置，装置是否齐全，功能是否正常有效。

⑤在切削加工过程中发现有异样，如有异响，有异味，有冒烟冒火情况，有失控现象，应立即停止操作，对设备进行检修。检修应在切断电源后才能进行。

⑥检查生产现场是否有足够的照明，照明能否看清设备和工件的各个部位。

⑦对噪声超过国家规定标准的机床，应查明原因，并采取降低噪声的措施。

另外，女职工在切削加工作业中，更应注意掌握安全技术。一方面，不要留长发，如头发过长，一定要将长发放入头罩，以免头发被卷入车床；另一方面，不要穿高跟鞋上班，以免站立不稳，造成摔伤；同时，也不要穿裙子作业，最好穿工作服，这样可以避免飞屑刺伤或烫伤身体。

（3）冲压加工岗位安全技能。

在机械加工事故中，冲压加工造成的伤害比例最大，一般要占到机械加工事故总数的50%左右。因此，应高度重视冲压加工安全技术，严格遵守操作规程，熟练掌握冲压加工安全技能。

①改革传统手工冲压工艺方式，实现机械化、自动化冲压作业，保持人手模外作业。对于大批量生产作业，企业应通过技术改造，设备引进，实行机械化、自动化冲压作业，如采用自动化、多工位冲压机械设备，采用多工位模具与机械化进料装置，采用连续模、复合模等合并工序措施。这些先进工艺技术不仅能保障冲压作业人员的人身安全，而且能大大提高生产效率，提高产品质量。对于小批量、多品种的冲压作业，生产难以实现自动化、机械化，企业也应尽量采取安全辅助工具进料和清料，避免操作人员的身体（主要是手）与冲床的冲压部件接触，应改革模具的定位、出件、清理废料等工序，使操作过程更为安全。

②经常维修和保养冲压设备，提高安全可靠性。企业应对老设备进行技术改造，修复或增加安全装置，确保冲压设备的安全运行，避免因为设备故障造成人员伤亡。

③安装防护装置。由于生产批量过小，在既不能实现自动化，又不能使用安全操作辅助工具的冲压作业中，企业应在设备上安装安全防护装置，以防止由于操作失误造成人身伤害。各种防护装置有各自的特点，使用不当仍然会发生伤害事故。因此，必须弄清各种防护装置的作用，以做到正确使用，保证操作安全。

（4）磨削加工岗位安全技能。

磨削加工中的安全事故，主要是由于砂轮破裂，碎片飞出击伤操作人员，造成身体伤害。砂轮破碎，一方面是由于砂轮旋转速度较高，这种高速旋转使砂轮产生较大的离心力，一旦离心力超过砂轮的强度，砂轮就会破裂成碎片，并以极高的速度飞出；另一方面，由于砂轮在磨削

第三章
做好自我防护，把生命安全紧紧地握在自己手中

加工过程中会产生高温，受高温影响，砂轮也容易出现破碎，碎片飞出，造成伤害事故；同时还由于砂轮安装不当，使砂轮在加工过程中不断振动，造成砂轮破碎。因此，掌握砂轮安装中的安全技术，严格按磨削加工规定程序操作磨床设备，可以减少砂轮破碎的概率，切实保障磨削加工操作人员的人身安全。

①砂轮在安装前，要先经过回转强度试验，检验砂轮的强度。回转检验速度应不低于砂轮安全线速度的1.6倍。

②仔细检查砂轮有无裂纹，一般可用木槌轻轻敲打砂轮片，根据发出的声音来判断砂轮质量。如声音清脆，则说明砂轮完好；如声音哑闷或有其他异常声音，则说明砂轮有裂纹。对有裂纹的砂轮不得安装使用。

③调整砂轮的动平衡，尤其是较大的砂轮。通过动平衡试验，可以减少砂轮在磨削加工时的振动，避免砂轮破裂。如果砂轮不平衡，不仅易发生安全事故，也影响加工质量和精度。对于直径在250毫米以上的大砂轮，动平衡尤为重要，每个砂轮都必须经过动平衡试验后，才能安装在磨床上使用。

④砂轮的允许线速度应和砂轮机或磨床的转速度相符合，否则禁止此类砂轮安装使用。

⑤磨削加工前，应使砂轮空转2分钟左右，观察判断安装是否合理，运转是否正常。磨削加工时，操作者应站在砂轮旋转方向的侧面，防止万一砂轮碎片飞出而受到伤害。

⑥磨刀具的砂轮机应有活动支架，以便根据需要随时调整。一般支架与砂轮的间隙为3毫米。操作者应戴好防护眼镜，以防砂尘和碎屑飞入眼中。

⑦使用手持式电动砂轮，为防止电击事故，一定要安装漏电保护器。

⑧不准用砂轮磨削有色金属、木材、纤维板等。因为这些质材的磨屑极易堵塞砂轮磨面，降低磨削加工效率，磨削时也容易产生打滑、振动和噪声等现象，既影响产品质量，又容易发生安全事故。

⑨砂轮磨钝后,要由专人负责修正;磨刀具的砂轮出现马蹄状或沟槽时,也应及时修正,以保证磨削效率和操作安全。

⑩安装砂轮要符合要求。夹持砂轮的单面法兰夹盘盘径应不小于砂轮外径的1/3,而且两个夹盘盘径必须相对应。砂轮内孔与心轴配合要留有适当的空隙,以免磨削加工时砂轮热膨胀,没有膨胀空间,造成砂轮碎裂。但砂轮内孔与心轴的配合间隙不宜过大,否则砂轮会产生偏斜,失去平衡。固定砂轮螺母,其螺纹应与砂轮旋转方向相反,以免因心轴转动造成螺母松脱,引起安全事故。

⑪正确选用磨削用量,这既是保证质量和效率的重要因素,又是保证安全的重要手段。首先,砂轮线速度不能超过规定的安全线速度;其次,磨削用量,包括砂轮圆周线速度、工作圆周线速度、纵向进给速度、砂轮横向或垂直进给量等,要选择适当量值。通常磨削加工量是较小的,如果任意加大磨削量,就会损坏砂轮,甚至发生事故。

⑫砂轮机应装有吸尘装置,以保证操作者不受粉尘危害。吸出的砂粒尘埃要经过净化处理,保持作业环境清洁。

(5) 焊接工的岗位安全技能。

①在氧气瓶嘴上安装减压器之前,应用口吹除瓶嘴尘渣,以防尘渣堵塞瓶嘴。严禁使用未装减压器的气瓶。

②乙炔瓶和氧气瓶嘴部及开瓶扳手上均不得沾有油脂,以免油脂吸附灰尘,堵塞瓶嘴。

③乙炔瓶和氧气瓶均应距明火10米以上距离放置;乙炔瓶与氧气瓶之间也应保持7米以上的安全距离。

④乙炔瓶与焊炬之间应装有可靠的回火防止器。

⑤乙炔瓶与氧气瓶均应放置在空气流通的地方,但不得将它们放置于烈日下暴晒,也不得靠近火源及其他热源地方放置,以免受热膨胀发生气瓶爆炸事故。

⑥使用焊(割)炬前,必须检查焊(割)炬喷射情况,查看是否通畅,能否正常使用。操作时,应先开启焊(割)炬的氧气阀,待氧

第三章
做好自我防护，把生命安全紧紧地握在自己手中

气喷出后，再开启乙炔阀。同时，用手检验乙炔接口处，看是否有吸引手指的感觉，如有吸力，说明乙炔管道通畅，这时可以将乙炔胶管接于焊（割）炬接口上。

⑦如在通风不良的地点或在容器内作业时，应先在外面给焊（割）炬点火。

⑧点火时应先开少许乙炔气，待点燃后迅速调节氧气和乙炔气的气量，并按工作需要选取火焰。停火时应先关闭乙炔气，再关闭氧气，以防引起回火和产生烟灰。

⑨在易燃易爆生产区域内动火，应按规定办理动火审批手续。

⑩气焊和电焊在同一地点作业时，氧气瓶应垫上绝缘物，以防止气瓶带电。

（6）冶炼工的岗位安全技能。

①冶炼作业人员必须掌握生产技术，熟悉操作规程，严格按工艺流程去操作。

②加强冶炼原料的管理和挑选工作，严防爆炸品、密封容器等物品混入原料并进入炉内。

③定期检查冷却系统，保持系统畅通，控制好冷却水压和水量，以防止水冷却系统强度不够造成钢板烧穿，导致钢水遇水爆炸。

④严格执行热风炉工作制度，防止由于换炉事故造成热风炉爆炸；严格执行从补炉、装炉、熔炼到出钢整个过程的操作规程，避免由于操作不当造成熔炼过程中的喷溅、爆炸事故。

⑤出钢时，要事先对铁钩、铁水罐、钢水包、地坑和钢锭模进行加热干燥，防止因潮湿引起爆炸事故。

⑥作业人员要穿戴专用鞋、专用手套、工作服和安全帽，以避免身体与高温工件或工具直接接触。

⑦预防中毒。有效的预防废气中毒的办法是加强生产现场的通风，及时排出废气；做好废气浓度的监测工作，及时报告废气中一氧化碳浓度，提示人们采取有效措施；做好个人防护工作，戴好呼吸防护用品。

(7) 铸造工岗位安全技能。

①修炉作业安全技能。

第一，修炉前，要让炉温降至50℃以下，要让作业人员戴好安全帽，要有人在外面时刻监护，加料口要设防护网板和修炉标志。

第二，修炉时要使用12伏安全照明灯，注意不要掉落到炉底。作业时要注意预防炉衬塌落击伤头部，打炉渣时要防止飞出的炉渣碎块击伤眼睛和脸部。

第三，注意预防煤气中毒及其他机械伤害，不许向炉内鼓风，炉上风眼应全部打开。

②点火加料作业安全技能。

第一，点火前要先加底焦，底焦要小心轻放。

第二，加好底焦后，要将冲天炉全部风口及出铁口、出渣口打开，然后才可以点火，这样可以防止一氧化碳中毒。

第三，加料时，必须先检查加料机械各部件是否坚固灵活，检查运料路线两边是否有栅栏隔离，以防行人穿越或靠近装料机。

第四，装料机运行时，应装设警告牌或打开红色警灯。

第五，冲天炉加料口应比加料台高0.5米，加料台要保持整齐清洁。

第六，称料时，要仔细检查，防止爆炸物混入炉内。

③鼓风熔化作业安全技能。

第一，鼓风熔化作业时，操作者应戴上防护眼镜，站在风嘴侧面进行监视。

第二，如发现炉壳烧红，要停止加料，并停止送风，严禁向炉壳浇水冷却。

第三，如发现炉壳烧红面积大于75平方厘米时，可采取向炉壳吹风的方式对炉壳进行冷却。

④出铁出渣作业安全技能。

第一，出铁出渣时，冲天炉周围不许有任何水分和潮气存在，特别

第三章
做好自我防护，把生命安全紧紧地握在自己手中

是出铁坑和出渣槽，要保持十分干燥。

第二，如出铁坑或出渣槽内有积水，必须先排净积水，再铺上适当厚度的干砂。

第三，所有出铁出渣用工具都必须先烘干，必须抹上涂料。

⑤停风打炉作业安全技能。

第一，停风打炉时，地面必须铺上干砂，以保持干燥，四周不得站人，操作者应站在上风侧。

第二，打炉后，迅速将红热铁块及焦炭取出。

第三，不准用水喷灭焦炭，以免引起煤气退回冲天炉而引发炉膛爆炸。

⑥使用电炉作业安全技术。

生产铸钢件广泛使用的熔炼设备是电炉，其安全操作技术包括：

第一，出炉时，电熔化炉的倾斜度不得超过45度；扒渣时，电熔化炉的倾斜度不得超过20度。为此，电熔化炉应装设倾斜度限制器，倾炉蜗杆传动机构应能自锁。

第二，电熔化炉加料口框架和电极座，应装有水冷却循环装置，冷却水的回水温度不得超过45℃。电熔化炉高压部分，应设在专门的操纵室内。对电熔化炉的烟尘，可采取炉外排烟和炉内排烟措施，将烟尘排出。

（8）金属浇注岗位安全技能。

金属浇注的主要工具是浇包，浇包内盛有高温金属熔液，操作中有一定的危险性，操作人员要十分注意安全。

①浇包应装设安全装置。

第一，浇注时，浇包内盛满铁水，要求浇包的转轴要有安全装置，以防浇包意外倾斜，铁水流出。

第二，盛满铁水的浇包，其重心要比转轴低100毫米以上。

第三，容量大于500千克的浇包，必须装有转动装置并能自锁。浇包转动装置要设防护壳，以防飞溅金属进入而卡住。

②浇包应定期检查和试验。

第一，吊车式浇包至少每半年检查并试验一次；手抬式浇包每两个月检查并试验一次。

第二，检查前要清除污垢、锈斑、油污。

第三，吊车式浇包须做外观检查与静力试验，重点部位是加固圈、吊包轴、拉杆、大架、吊环及倾转机构，特别重要的部位须用放大镜仔细检查。浇包的静力试验方法是将浇包吊至最小高度，试验负荷为该浇包最大工作负荷的125%，持续15分钟；手抬式浇包试验负荷等于其最大工作负荷的150Z。经过检查、试验的浇包，如未发现其他缺陷及永久变形，即为合格。

第四，如发现零件有裂纹、裂口、弯曲、焊缝与螺栓连接不良、铆钉连接不可靠等，均需拆换或修理。

③浇包内铁水量应适度。浇包使用前要先烘干，浇包内装盛的铁水液面高度应不超过浇包高度的7/8。使用手抬式铁水包时，每人负载不应超过30千克。

④浇包吊运应安全操作。

第一，起吊前应检查浇包压铁是否压牢，螺栓卡子是否卡紧；应检查浇包吊运通道是否有障碍，宽度是否达到3米。

第二，浇包吊运要走环形路线。

第三，人工抬浇包时，行走步调要协调一致，抬运时应将浇口朝外。

⑤浇注作业时应严格遵守安全操作规程。

第一，浇注使用的火钳、铁棒、火钩和添加剂须先预热。

第二，用吊车进行浇注时，司机和吊车指挥员要遵守吊车移动信号，动作要平衡，吊运铁水浇包起吊高度离地面应不大于200毫米。

第三，浇注作业时，浇包应尽量靠近浇口圈，防止铁水浇在压铁或地面上。

第四，砂箱高度高于0.7米时，应挖地坑。

第五，浇注大砂型时，必须注意底部通气，喷出的一氧化碳要引火烧掉。

第六，浇剩的金属液只准倒入锭模及砂型中。倒入前，锭模要预热到150℃～200℃，砂坑要干燥。

（9）锻造岗位安全技能。

①锻造作业人员必须经过专门培训，经考核合格并取得上岗证后，方能独立从事锻造作业。否则，这些锻造人员不得单独操作锻压设备和加热设备。

②锻造作业人员应掌握一定的锻压设备保养知识，应定期保养设备，使设备处于完好状态。

③锻压设备运转部分，如带轮、传动带、齿轮等部位，均应设置安全防护罩；水压机应装设安全阀、自动停车装置和启动装置；蓄压器、导管和水压缸应有独立的压力表；动力稳压器应装有安全阀。

③操作人员应熟悉操作规程并严格执行，以防煤气中毒、灼伤、烤伤和电炉触电等事故发生。

⑤操作人员在开始工作前应穿戴好个人防护用品，以减少辐射热以及灼热的金属料头和飞出的金属氧化皮对人体的伤害。

⑥在锻造作业中，操作人员应集中精力、相互配合；要注意选择安全操作位置，躲开作业危险方向（如切料时，身体要避开料头飞出方向）；握钳和站立姿势要正确，钳把不能正对或抵住腹部；司锤人员要按掌钳人员的指令准确司锤；锤击时，第一锤要轻打，等工具和锻件接触稳定后方可重击；锻件过冷或过薄、未放在锤中心、未放稳或有其他危险时均不得锤击，以免损坏设备、模具和震伤手臂，避免锻件飞出，造成伤人事故；严禁擅自落锤和打空锤；不准用手或脚去清除砧面上的氧化皮，不准用手去触摸锻件；烧红的坯料和锻好的锻件不准乱扔，以免烫伤别人。

（10）热处理岗位安全技能。

①操作前，首先要熟悉热处理工艺规程和所要使用的热处理设备

特点。

②操作时,必须穿戴好必要的防护用品,如工作服、手套、防护眼镜等。

③在加热设备和冷却设备之间,不得放置任何妨碍操作的物品。

④混合渗碳剂、喷砂等应在单独的房间中进行,房间内应设置足够的通风设备。

⑤设备危险区(如电炉的电源引线、汇流条、导电杆和传动机构等),应当用铁丝网、栅栏、挡板等加以隔离。

⑥热处理用全部工具应当放置有序,不许使用残裂的、不合适的工具。

⑦车间的出入口和车间内的通路,应当通畅无阻。在重油炉的喷嘴及煤气炉的烧嘴附近,应当设置灭火砂箱;车间内应放置灭火器。

⑧经过热处理的工件,不要用手去摸,以免造成灼伤。

⑨应经常对重油炉进行检查,油管和空气管不得漏油、漏气,炉底不应存有重油。如发现油炉工作不正常,必须立即停止燃烧。油炉燃烧时不要站在炉口,以免火焰灼伤身体。如果发生突然停止输送空气,应迅速关闭重油输送管。为了保证操作安全,在打开重油喷嘴时,应先放出蒸汽或压缩空气,然后再放出重油;关闭喷嘴时,则应先关闭重油的输送管,然后再关闭蒸汽或压缩空气的输送管。

⑩各种电阻炉在使用前,需检查其电源接头和电源线的绝缘是否良好,要经常注意检查启闭炉门自动断电装置是否良好,以及配电柜上的红绿灯工作是否正常。

由于无氧化加热的吸热气体中一氧化碳的含量较高,因此在使用时要特别注意保证室内良好通风,并经常检查管路的密封性。当炉温低于760℃或可燃气体与空气达到一定的混合比时,就有爆炸的可能,为此在通气启动与停炉时更应注意安全操作,最可靠的办法是在通气及停炉前用氮气、二氧化碳或惰性气体吹扫炉膛及炉前室一次。

⑪操作盐浴炉时,应注意在电极式盐浴炉电极上不得放置任何金属

第三章
做好自我防护，把生命安全紧紧地握在自己手中

物品，以免变压器发生短路。工作前应检查通风机的运转和排气管道是否畅通，同时检查坩埚内溶盐液面的高低，液面一般不能超过坩埚容积的3/4。电极式盐浴炉在工作过程中会有很多氧化物沉积在炉膛底部，这些具有导电性能的物质必须定期清除。

使用硝盐炉时，应注意硝盐超过一定温度会发生着火和爆炸事故。因此，硝盐的温度不应超过允许的最高工作温度。另外，应特别注意硝盐溶液中不得混入木炭、木屑、炭黑、油和其他有机物质，以免硝盐与炭结合形成爆炸性物质，而引起爆炸事故。

⑫进行液体氰化时，要特别注意防止氰化物中毒。

⑬进行高频电流感应加热操作时，应特别注意防止触电。操作间的地板应铺设胶皮垫，并注意防止冷却水洒漏在地板和其他地方。

⑭进行镁合金热处理时，应特别注意防止炉子"跑温"而引起镁合金燃烧。当发生镁合金着火时，应立即用熔炼合金的熔剂（50%氯化镁＋25%氯化钾＋25%氯化钠熔化混合后碾碎）撒盖在镁合金上加以扑灭，或者用专门用于扑灭镁火的药粉灭火器加以扑灭；在任何情况下，都绝对不能用水或其他普通灭火器来扑灭，否则将引起更为严重的火灾事故。

⑮进行油中淬火时，应注意采取一些冷却措施，使淬火油槽的温度控制在80℃以下；大型工件进行油中淬火更应特别注意。大型油槽应设置防事故回油池，为了保持油的清洁和防止火灾，油槽应装槽盖。

⑯矫正工件的工作场地位置应适当，防止工件折断崩出伤人；必要时，应在适当位置装设安全挡板。

⑰无通气孔的空心工件，不允许在盐浴中加热，以免发生爆炸。有盲孔的工件在盐浴中加热时，孔口不得朝下，以免气体膨胀将盐液溅出伤人。管状工件淬火时，管口不应朝向自己或他人。

（11）土石方岗位安全技能。

土石方作业中的安全问题主要是防止塌方，作业人员应遵守以下七个方面的安全规定：

①土石方施工作业之前应先对地面进行地质、水文和地下设备（如天然气管道、电缆等）的勘察，根据勘察情况制定或调整土石方施工作业方案。

②挖地基、井坑时，应视土壤的性质、湿度和深度，设计安全边坡或固壁支撑。对较为特殊的沟坑施工，必须按专门的设计方案进行土石方开挖。

③建筑物旁开挖基槽或深坑，一般不许超过原建筑物的基础深。如必须超过，则应分段进行，每段不得长于2米。挖出的泥土和坑边堆放的料具，必须堆积在坑边0.8米以外，高度不得超过1.5米。

④在挖掘作业中如发现不能辨认的挖掘物品，应立即报告上级有关部门，由上级部门指定专业人员进行处理。

⑤挖掘过程中，如发现边坡附近土体出现裂缝、掉土及塌方险情时，应迅速撤离现场，等查明原因并采取有效措施后，才能继续作业。

⑥手工挖掘土石方时，应自上而下进行，不可掏空底脚，以免塌方。在同一坡面上作业时，不得上下同时开挖，也不得上挖下运。为了避免塌方和保证安全，开挖深度和坡度要符合"安全规定"。

⑦机械挖掘土石方时，应先发出作业信号。在挖掘机推杆旋转范围内，不许进行其他作业。推土机推土时，禁止驶至坑、槽和山坡边缘，以防止推土机下滑，造成翻车事故。推土机推土的最大上坡坡度不得超过25度，最大下坡坡度不得超过35度。

（12）矿山岗位安全技能。

①矿井通风安全技能。

矿井内空气中一般都含有大量的有害气体，如一氧化碳、氮化物、硫化氢等，矿工在井下作业时易造成中毒、窒息、燃烧爆炸等事故。

为避免人员中毒，防止煤矿瓦斯及煤尘爆炸，矿山企业应采取对矿井实施强制通风的安全技术。通过通风系统使一定量的新鲜空气沿着规定的路线在井下流动，将有害气体排出井外，以降低矿井有毒气体及可燃气体的浓度，使矿井空气达到安全生产要求。

第三章
做好自我防护，把生命安全紧紧地握在自己手中

矿井通风安全技术可分为自然通风安全技术和机械通风安全技术两类。自然通风安全技术是利用矿山入风和出风两个井筒中空气柱的重量不同，产生自然压力差，使空气在矿井内自然流动。这种方法风压较小，因此风流量少，且受季节变化影响较大，不易满足矿井通风的安全需要。但通风成本低，通风时间长，可以保持24小时连续通风。机械通风是利用动力带动风机运转，向井内强制鼓风，使空气在井内流动，将有害空气排出矿井。采用机械通风是矿山企业普遍采用的通风方法，通风效果好，能有效预防安全事故的发生。

②矿山防尘安全技能。

矿山防尘安全技术，可以概括为通风、洒水、密闭、个人防护、管理、改革工艺、检查、教育八项措施，这八项措施又可归纳为以下五个方面：

第一，采取湿式凿岩，坚持湿式作业，严禁干打眼。

第二，喷雾洒水，以降低爆破、装岩、运输等作业时产生的粉尘浓度。

第三，经常用水冲洗岩帮，消除积尘，防止二次扬尘。

第四，净化入风系统的风流，防止含有粉尘的风流被送入工作场地。

第五，做好个人防护，要求井下作业一定要戴好防尘口罩，保护呼吸系统。

③矿井瓦斯防爆安全技能。

矿井瓦斯是指各种有毒有害气体的总称，其主要有毒有害气体是沼气（甲烷），约占瓦斯总量的90%。沼气无色无味，不易被人体感知，只能靠专用仪器检测。瓦斯易燃易爆，当它和空气混合浓度达5%~16%时，遇到火源能引起燃烧或爆炸。当瓦斯浓度达到57%时，矿井中的氧气浓度将降到9%，可使人窒息死亡。因此，作业人员要利用瓦斯检测仪器随时检测矿井中的瓦斯浓度，并根据浓度情况及时采取有效安全措施（如增加通风量、停止开采作业、及时疏散作业人员等），以

防止由于瓦斯浓度过高引起中毒和窒息事故,防止瓦斯燃烧或爆炸事故。

④矿井防冒顶安全技能。

第一,工作面要有足够的支护密度。为保证工作面的支护密度,加强工作面的总支撑力,要按照有关规程规定,严格掌握空顶之间的距离、支撑物的质量以及生产过程的合理性。

第二,建立顶板分级管理制度。顶板鉴定分级后,在设计、回采方案、支护、爆破、检查等方面,都要按照顶板级别的不同,采取相应的管理措施。

第三,经常检查处理浮石。冒顶是由于浮石突然冒落所引起的,因此做好浮石的检查和处理工作非常重要。矿山生产一般都规定,在进入作业面作业之前,要先进行敲帮问顶,及时、细致检查浮石情况,并采取相应的措施,防止冒顶事故发生。

第四,加强工作面的推进程度。顶板下沉量与工作面推进速度关系较大。工作面推进速度快,顶板下沉量就小,木支柱断梁折柱就少,作用在金属支柱上的压力就小;反之,情况则相反。因此,采取有效的技术组织措施,加快工作面的推进速度,是防止冒顶的一个有效措施。

⑤爆破作业安全技能。

第一,爆破人员应先经过培训并取得《爆破操作证》,方能从事爆破作业工作。

第二,爆破前应做好以下准备:一是设置爆破警戒线和放炮标志;二是撤出危险区内的设备和人员;三是露天爆破作业前要选择晴好天气;四是制定安全方面的应急措施,一旦发生险情,应采取有效措施加以排除。

第三,检查炮孔位置是否准确,有无堵孔、卡孔等现象,炮孔内是否有积水。

第四,确定爆破安全距离。包括地震安全距离、冲击波安全距离和飞石安全距离。应根据实际,合理选择计算公式,经计算后确定爆破安

第三章 做好自我防护，把生命安全紧紧地握在自己手中

全距离，不可随意估算。

第五，排除炮烟，防止中毒。尤其是井下爆破，炮烟不易排出，对井下作业人员危害更大。应通过机械通风装置，及时排除炮烟。

第六，妥善处理爆破异常情况。放炮中的异常情况主要包括残爆、爆燃、缓爆、早爆、瞎炮。为了预防事故发生，一方面在作业之前要认真检查炸药质量，确认无变质和失效后，采取正确的装药方法，使用合格的起爆工具，严格按照操作规程作业；另一方面，在爆破中出现上述异常情况，要有组织地进行处理，并采取相应的安全措施。

⑥矿山防水安全技能。

第一，摸清情况，详细掌握矿井有关水文地质资料及旧矿、采空区平面图，了解含水层和老塘积水情况。

第二，提前探水，先探水后掘井，在探明水情后，先采取措施进行安全放水。

第三，留安全防水煤柱。

第四，设置防水闸门，在巷道内为防止可能发生的透水事故，设置必要的防水闸门。

⑦矿山防火安全技术。

矿山火灾，一方面可能是由矿山某些可燃物质在一定环境和条件下自燃引起的；另一方面也可能是由明火引起的，如吸烟、放炮着火、短路、瓦斯爆炸等引发明火。

防止矿山火灾，主要是预防明火引起的火灾，通常采取的措施包括采用不燃性支架、设置防火门、建立消防仓库和设置消防器材、设置消防水池和火灾信号装置等。

⑧矿山提升与运输作业安全技术。

矿山提升与运输是采矿作业的重要内容，操作不当也会造成安全事故。

提升系统一般由提升机、钢丝绳、提升容器、天轮、井架、罐道及辅助设备组成。为防止提升设备发生断绳、跑车、过卷或大型物体坠入

井筒等事故，要求必须有设备保护装置，包括防止过卷装置、防止过速装置、过电流或无电压保护装置、速度限制器、防止闸瓦过度磨损的保护装置。

运输设备安全正常运行，是保证矿山正常生产的重要前提，正确使用各种运输设备，加强维护和管理，是确保运输生产安全的重要手段。目前，我国矿山井下运输的主要形式为轨道式，多数矿山主要采用各种类型的电机车运输。为做好运输安全工作，在有爆炸危险的回风通道中，禁止使用架线式电机车；在高硫和有自然发火的矿井，蓄电池电机车的电气部分应采用防爆设备；为防止矿车跑车、掉道、跑偏等事故，应经常检查、维修机械设备，教育操作人员不违章操作，不蹬乘矿车。

（13）锅炉工岗位安全。

锅炉操作是一项特殊工种。在锅炉运行中，操作人员应严格遵守安全技术规程。

①锅炉房不应设置在人群聚集的地方或其附近，锅炉房应有至少两个出口，出口门应向外开，在锅炉运行期间不能锁住或闩住出口门。

②建立锅炉操作岗位责任制和各项安全管理规章制度，对锅炉操作人员必须进行专门培训，并取得相应的上岗资格证书。

③蒸汽锅炉在运行中出现下列情况应立即停炉：

a. 锅炉水位降到水位最低线。

b. 加大向锅炉给水，但水位仍继续下降。

c. 锅炉水位已升到最高限。

d. 给水机械失效，不能供水。

e. 水位表或安全阀失效。

f. 锅炉元件损坏，危及运行人员安全。

g. 燃烧设备损坏，炉墙倒塌或锅炉构架被烧红，严重威胁锅炉安全运行。

h. 其他异常运行情况，且超过安全运行允许范围。

④热水锅炉运行中出现下列情况应立即停炉：

做好自我防护，把生命安全紧紧地握在自己手中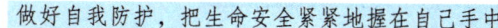

a. 因循环不良造成炉水汽化。

b. 炉水温度急剧上升，失去控制。

c. 水泵失效，不能给水或保持水循环。

d. 压力表或安全阀失效。

e. 锅炉元件损坏，危及运行人员安全。

f. 补给水泵不断补水，锅炉压力仍然继续下降。

g. 燃烧设备损坏，炉墙倒塌或锅炉构架被烧红，严重威胁锅炉安全运行。

h. 其他异常运行情况，且超过安全运行允许范围。

提示：锅炉是压力容器，具有一定的危险性。司炉操作属于特殊工种，操作人员必须经过专门培训，经考试合格，并取得上岗资格证书后，方能从事该项工作。未经专门培训，没有掌握安全技术，就不能处理各种安全问题，安全事故就有可能发生。

⑤锅炉每 2 年进行 1 次停炉检验，每 6 年进行 1 次水压试验。停炉检验的重点在于：

a. 上次检验有缺陷的部位。

b. 锅炉受压元件内外表面。

c. 管壁有无磨损和腐蚀，特别是处于烟气流速较高及吹灰器作用附近的管壁。

d. 铆缝是否严密，有无苛性脆化。

e. 胀口是否严密，管端受胀部分有无环形裂纹。

f. 锅炉的拉撑以及与被拉元件的结合处有无断裂、腐蚀和裂纹。

g. 受压元件有无弯曲、鼓包和过热。

h. 锅筒和砖衬接触处有无腐蚀。

i. 受压元件或锅炉构架有无因砖墙或隔火墙损坏而发生过热。

j. 进水管和排污管与锅筒的接口处有无腐蚀、裂纹，排污阀和排污管连接部分是否牢靠。

k. 安全附件是否灵敏可靠，水位计、安全阀、压力表等与锅炉本体连接的通道是否堵塞。

l. 自动控制、信号系统及仪表是否灵敏可靠。

m. 锅炉内部的水垢、水渣是否过多。

⑥锅炉水压试验前，应进行内外部检验，必要时还应做强度核算。不得用水压试验的方法确定锅炉的工作压力。

（14）起重吊运岗位安全技能。

①起重机械的司机必须经过专门培训，经考核合格并取得操作证后，方能准予操作起重机械。

②司机接班时，应检查起重机制动器、吊钩、钢丝绳和安全自锁装置。发现功能不正常，应在操作前及时排除。

③开车前必须鸣铃报警。操作中接近人时，也应给以断续铃声或报警。

④操作应按指挥信号进行。听到紧急停车信号，不论是何人发出，都应立即执行。

⑤确认起重机上或其周围无人时，才可以闭合主电源。如果电源断路装置上加锁或有标牌，应由有关人员摘除后才能闭合主电源。

⑥闭合主电源前，应使所有的控制器手柄置于零位。

⑦工作中突然断电时，应将所有的控制器手柄扳回零位；在重新工作前，应检查起重机动作是否都正常。

⑧在轨道上露天作业的起重机工作结束时，应将起重机锚定住。风力大于6级时，一般应停止工作，并将起重机锚定住。对于门座起重机，在沿海工作时，如风力大于7级，应停止工作，并将起重机锚定住。

⑨司机对起重机进行维修保养时，应切断主电源，并挂上标志牌或加锁；必须带电修理时，应戴绝缘手套、穿绝缘鞋，使用带绝缘手柄的工具，并有人现场监护。

⑩有下列情况之一时，司机不应进行起吊操作，即"十不吊"：

a. 超载或物体质量不明时不吊。

b. 信号不明确时不吊。

第三章
做好自我防护，把生命安全紧紧地握在自己手中

c. 捆绑、吊挂不牢或不平衡，可能引起物品滑动时不吊。

d. 被吊物上有人或浮置物时不吊。

e. 结构或零部件有影响安全工作的缺陷或损伤，如制动器或安全装置失灵、吊钩螺母防松装置损坏、钢丝绳损伤达到报废标准时不吊。

f. 遇有拉力不清的埋置物体时不吊。

g. 斜拉重物时不吊。

h. 工作场地昏暗，无法看清场地、被吊物和指挥信号时不吊。

i. 重物棱角处与捆绑钢丝之间未加衬垫时不吊。

j. 钢水或铁水包装得过满时不吊。

⑪起重机运行时，不得利用限位开关停车；对无反接制动功能的起重机，除特殊紧急情况外，不得打反车制动。

⑫不得在有载荷情况下调整起升、变幅机构的制动器。

⑬起重机工作时，不得进行检查和维修。

⑭吊运重物不得从人头顶通过，吊臂下严禁站人。

⑮在厂房内吊运货物时，应走指定通道。

⑯在没有障碍物的线路上运行时，吊物底面应离地面2米以上；有障碍物需要穿越时，吊物底面应高出障碍物顶面0.5米以上。

⑰所吊重物接近或达到额定起重量时，吊运前应检查制动器，并用小高度（200~300毫米）、短行程试吊后，再平稳地吊运。

⑱吊运液态金属、有害液体、易燃易爆物品时，必须先进行小高度、短行程试吊。

⑲无下降极限位置限制器的起重机，吊钩在最低工作位置时，卷筒上的钢丝绳必须保证有设计规定的安全圈数。

⑳起重机工作时，臂架、吊具、辅具、钢丝绳、缆风绳及重物等与输电线应保持最小距离。

㉑重物起落速度要均匀，非特殊情况下不得紧急制动和急速下降。

㉒重物不得在空中悬停时间过长。

㉓流动式起重机，工作前应按说明书的要求平整停机场地，牢固可

靠地打好支腿。

㉔吊运重物时不准落臂；必须落臂时，应先把重物放在地上。

㉕吊臂仰角很大时，不准将被吊的重物骤然落下，防止起重机向另一侧翻倒。

㉖吊重物回转时，动作要平稳，不得突然制动。

㉗回转时，重物重量若接近额定起重量，重物距地面的高度不应太高，一般在0.5米左右。

㉘用两台或多台起重机吊运同一重物时，钢丝绳应保持垂直，各起重机的升降、运行应保持同步，各台起重机所承受的载荷均不得超过各自的额定起重能力。如达不到上述要求，每台起重机的起重量应降低至额定起重量的80%，并进行合理的载荷分配。

㉙有主副两套起重机钩的起重机，主副钩不应同时开动。

㉚起重机电气设备的金属外壳必须接地。

㉛禁止在起重机上存放易燃易爆物品，司机室应备灭火器。

㉜每2年至少对起重机进行1次安全技术检查。

㉝起重指挥人员发出的指挥信号必须明确、符合标准。动作信号必须在所有人员退到安全位置后发出。

严格遵循岗位安全技术操作规程

所谓安全操作规程，就是员工在操作时必须遵守才能保证安全的具体操作措施和步骤。安全操作规程是经过严密、科学的研究和无数的实

第三章 做好自我防护，把生命安全紧紧地握在自己手中

践之后确立的，是保证岗位安全的最有效的文件。

要做到安全生产，不出事故，保障生命安全，首先要做到严格遵守安全操作规程。特别是对于每天都坚守在岗位上的员工来说，每个生产岗位都存在着不同的危险性，都有发生事故的隐患，特别是一些危险工种，如电气作业工、机械工、建筑安装工、高空作业工、起重作业工、焊接工及维修工等，都有各种各样的危险性。只要上岗，就必须严格遵循岗位安全技术操作规程来操作，只有这样才能避免危险事故的发生，保护生命安全。

如果没有全面掌握安全操作规程、不知道哪些规定是必须遵守的，就不能上岗操作。否则很容易发生事故，危及生命。

某电厂检修班员工曹某带领郑某检修380伏直流焊机。电焊机检修后进行通电试验良好，电焊机开关已断开。曹某安排工作组成员马某拆除电焊机二次线，自己拆除电焊机一次线。线路拆除过程中，曹某蹲着身子拆除电焊机电源线中间接头，在拆完一相后，拆除第二相的过程中意外触电，经抢救无效死亡。

事故原因分析：在检修电焊机作业中，曹某安全意识淡薄，工作前未进行安全风险分析；在拆除电焊机电源线中间接头时，未检查确认电焊机电源是否已断开，在电源线带电又无绝缘防护的情况下作业，导致触电。曹某违章作业是此次事故的直接原因。

该公司于2001年制定并下发了《电动、气动工器具使用规定》（以下简称《规定》），包括电气设备接线和15种设备的使用规定。《规定》下发后，组织所有的员工学习并进行了考试。曹某虽有10年从事电气作业的经历，并获得了高级检修电工资格证，但在此次检修工作中不执行规章制度，不按岗位安全操作规程来操作，最终导致了不可挽回的后果。

生命只有一次　且行且珍惜

我们常说，安全规程血写成，不要再用血验证，就是要求每一个员工必须按照安全规程规范操作。要知道，安全操作规程和规章制度都是在无数次安全生产事故后用鲜血和生命书写的，是经过无数人的鲜血才换来的经验总结，不按照安全规程来操作，就必然会发生安全事故。这几乎成为安全生产中的一个规律。它的制定为的就是让惨痛的事件不再重演，保证生产者安全无恙，企业平安顺利。不然，事故就难以避免，生命就没有保障。

2000年3月11日18时10分许，某市装配厂机动科机修站画线钳工吕某，在操作台钻加工工件的过程中，在未停机的情况下戴手套清扫工件铁屑，被旋转钻头上所带的铁屑挂住右手环指，将右手环指缠绕在钻头上，造成右手环指两节离断事故。

造成这起事故的直接原因，是钳工吕某严重违反操作规程，在未停机的情况下戴手套清扫工件铁屑。造成事故的间接原因：一是操作规程和岗位安全教育落实不够；二是对习惯性违章行为纠正不力，处罚不严。

对于机械加工、化工、煤矿、建筑施工等必须严格按照操作规程操作才能保证作业时的安全的行业，更需要严格地按照安全规程来工作。

比如要确保钻削加工的安全，操作者在操作钻床（包括台钻）时应严格遵守安全规程，包括工作中严禁戴手套；钻头上缠有长铁屑时，要停机后清理，用刷子或铁钩清除，严禁用手拉。事故的发生，主要是吕某严重违反了这两项规定的结果。实际上这些规定不仅仅是规定，也是安全生产常识，戴手套操作钻床，手指容易被卷入造成伤害；停机后用刷子或铁钩清除铁屑，是为了防止手被划伤。如果岗位员工不能严格地按照这些规程操作，事故也就在所难免。

"操作规程是个宝，安全生产少不了"，安全规程是安全生产的保障，因而必须要严格遵守、无条件遵守、"傻瓜样"执行，才能保证我们的安全。对于违反安全操作规程的行为，需要坚决制止，及时纠正。

第三章

做好自我防护，把生命安全紧紧地握在自己手中

违反安全操作规程的行为主要有：

（1）物品摆放不符合定置定位要求，工作结束后，现场不清理。

（2）未经批准，动用了不是自己分管的设备、工具。

（3）检修设备时安全措施不落实，就开始检修。

（4）检修结束后，未将临时拆除的安全装置和设施复位并使其正常工作。

（5）停车检修后的设备，不认真检查就启用。

（6）不清洗、不置换，或动火分析不合格盲目动火。

（7）在易燃易爆场所，使用非防爆照明器材。

（8）不清除周围易燃物就动火。

（9）动火作业时没有消防后备措施。

（10）用关阀门、加水封等来代替加盲板等做隔绝。

（11）使用氧或富氧气体进行置换和通风。

（12）入容器内作业，未进行置换、通风。

（13）进入容器内作业，未按时间要求进行安全分析。

（14）用动火分析代替安全分析。

（15）进入容器、设备内作业，容器外未设监护人或监护人不坚守岗位。

（16）进入容器、设备内作业，无抢救后备措施。

（17）无证、无令开车；超速行车、空挡溜车；带病行车；人货混载行车；超标装载行车。

（18）无阻火器车辆（包括助力车）进入禁火区。

（19）电气操作时，未使用绝缘工具。

（20）用湿手、油手或使用工具拉、合电气开关。

（21）机电设备检修时，在配电开关处不断电或不挂警示牌。

（22）进入机械设备内检修运转部件，不设人监护或未采取重复断开动力源措施。

（23）跨越正在运转的机轴（如皮带运输机）。

（24）在易燃易爆区域防腐防锈作业，用铁器敲击管道、设备等。

（25）起重作业，违反"十不吊"。

（26）在未经检查合格的脚手架或梯子上工作。

（27）高处作业时未使用绳索或专用工具袋传递工具、材料或上下运物。

（28）从高处往下扔东西。

（29）未经许可开动、关停、移动机器。

（30）开动情况不明的电源或动力源的开关、闸、阀。

（31）开动、关停机器时未给信号。

（32）开关未锁紧，造成意外转动、通电或泄漏等。

（33）奔跳作业。

（34）超限（如载荷、速度、压力、温度、期限等）使用设备。

（35）工件紧固不牢。

（36）用手代替手动工具。

（37）不用夹具固定，用手拿工件进行机加工。

（38）在绞车道或行车道上行走。

（39）攀、坐不安全位置（如平台护栏、汽车挡板、吊车吊钩等）。

（40）在起吊物下停留、作业。

（41）机器运转时进行加油、修理、检查、调整、焊接、清扫等工作。

（42）攀登脚手架、井字架、龙门架和随吊盘上下。

（43）使用汽油等易燃液体擦洗机动车辆、设备、工具及衣服等。

（44）站在操作台正面，使用会产生飞溅硬物的打磨器具。

（45）在转动机件上放置物件。

安全规程都是经过无数次验证的，是每一个员工都必须严格遵守的准则。上岗了就一定要按照安全规程来操作，切不可自作主张，玩忽职守，把生命当儿戏，否则最终吃亏的，还是我们自己。

第四章
杜绝违章违纪，遵章守纪才是珍视生命

在一起起鲜血淋漓、不忍目睹的伤亡事件中，高达90％以上的都是由违章违纪引发的，违章违纪是安全最大的隐患，也是生命最大的威胁。有多少生命曾毁于违章的魔手，有多少家庭因违纪而破碎，有多少幸福被断送在"三违"的恶梦里！所以，珍爱生命，一定要杜绝违章违纪行为，增强安全意识，提高安全技能，切实纠正违章行为，遵章守纪，才能确保安全，保护生命。

生命只有一次　且行且珍惜
Shengming zhiyou yici qie xing qie zhenxi

1 有多少生命毁于违章

对于员工而言，生命的最大敌人无疑是违章，因为只要有违章，就会有事故，只要有事故，就会有伤亡和损失，就会带来生命的危害。据国家安全监督管理总局的调查数据显示，在安全生产事故中有90%以上的事故是违章造成的，按照事故管理的研究报告，人为事故的比例更是高达96%，只有4%的事故是因为物态和意外造成。而在安全事故中造成的人员伤亡，则100%是因为直接或间接的违章导致，可见违章毁灭了多少生命！

2003年山西"3·22"特大瓦斯爆炸事故。当班班组有62人遇难，10人下落不明，事故原因是违章操作。

2003年1月，江西丰城建新煤矿特大瓦斯爆炸事故井下当班班组49人遇难，事故原因是违章操作。

2004年10月，河南大平煤矿因"特大型煤与瓦斯突出"而引发特大瓦斯爆炸事故，井下班组矿工148人遇难，事故原因是违章操作。

2005年2月，辽宁省孙家湾煤矿特大瓦斯爆炸事故遇难214人，事故原因是违章操作。

2005年3月，山西朔州平鲁煤矿特大瓦斯爆炸事故遇难72人，事故原因是违章操作。

第四章
杜绝违章违纪，遵章守纪才是珍视生命

2005年7月，新疆阜康神龙煤矿特别特大瓦斯爆炸事故遇难83人，事故原因是违章操作。

2005年2月14日辽宁省阜新市煤矿矿难213人遇难，1人失踪，事故原因还是违章操作。

……

一桩桩一件件，细究起来，哪一件不是违章引起的祸端？仔细想来，几乎所有的事故背后都有违章的魔影，都有违章这把杀人的利刃闪着寒光。违章违纪就像一个藏在事故背后的魔鬼一般，如影随形，如蛆附骨，挥之不去，甩之不掉。违章就是事故最大的诱因，违章就是伤亡最大的祸根，违章就是生命最大的敌人！

只要发生一次事故，就会有一次惨烈的伤亡，那些如花的生命就会随着违章的发生而殒落。违章违纪，这个生命的杀手，有多少生命毁于这只魔手！

据国家安监局的数据，近两年，全国发生的安全生产事故都在100万起以上，因各类事故死亡的人数，每年都在13万人以上，平均每天就有380多人丧生于各类事故之中。每年因事故造成70多万人伤残，给近百万个家庭带来不幸，经济损失达2500亿元。

70多万人伤残！2500亿元的经济损失！这是一个多么大的数字，这还仅仅是一年的损失，可想而知这些年安全事故中的伤亡和损失该是怎样一个天文数字！

因为违章引发事故，因为事故带来伤亡、受到损失，而且是这样严重的、巨大的、惨不忍睹的、触目惊心的伤亡和损失！多少财富因此成空，多少生命就此飘散，这难道还不能引起我们每一个人的重视和警惕吗？

生命只有一次 且行且珍惜
Shengming zhiyou yici qie xing qie zhenxi

2 杜绝违章操作，违章操作就是自杀

违章操作，就是指那些违反安全操作规程或规章制度，有章不循，坚持、固守不良操作方式和工作习惯的操作行为。要知道，在安全上，每一个规章，每一条纪律，都是经过无数血淋淋的教训总结出来的，都是从无数的事故中提炼出来的，都是无数次验证过的、绝对不能违犯的"铁律"，一旦违犯，就等于把生命当儿戏，和自杀没有什么两样，其结果只能是生命的消逝。

1995年6月8日，星期天，应该是休息的日子，但是湖南某机械厂由于实行了新的计件工资制，许多工人自发组织加班，以求增加收入。机加工车间女车工尹某，在车间领导安排她加班而她本人没有时间的情况下，擅自请在本厂当铸造工的丈夫代替她操作车床。

上午11时许，尹某从市场买菜回来，因考虑到丈夫技术不熟练怕出废品，匆忙去车间探望。来到车间后不久，尹某发现车床川架紧固螺钉松动，她在未停机的情况下，违章伸手去拧螺钉。由于尹某未按安全操作规程要求戴工作帽，致使自己的长发被卷入车床丝杆，待其丈夫发现时又不知道如何关掉车床电源开关，只能抱着尹某身体向后拉，结果头发越绞越紧。当另一工人发现并关掉车间总闸时，尹某满头秀发连同头

第四章
杜绝违章违纪，遵章守纪才是珍视生命

皮已被全部撕掉，左耳也被撕去一块，最终重伤不治。

这是典型的违章操作导致的事故。造成这起事故的直接原因是一连串的违章，首先是尹某违反有关规定，擅自让其丈夫代替自己操作车床；其次是在未停机的情况下紧固螺钉，这也是安全操作规程严格禁止的；最后是操作车床不戴工作帽，导致长发被车床丝杆缠绕，造成严重伤害事故。

我们常常说，"违章指挥等于杀人，违章操作就是自杀"，这样的警示绝不是危言耸听，而是血淋淋的事实。纵观各类安全事故，细数起来，有几起不是因为违章违纪引起的？

要保证岗位安全，就必须全面杜绝违章，因为只要有违章，就免不了会受伤害，生命的安全就不会有保障。

常言说得好，"一个钉子挤掉另一个钉子，习惯要用习惯来替代"，违章操作的习惯，也只有遵章守纪的习惯能替代。所以，在平常的操作中，我们要注意规范操作，纠正不正确的、违章的操作，养成良好的操作习惯，从而保证安全，护卫生命。

纠正违章指挥，违章指挥等于杀人

与违章操作相比，违章指挥的影响更大，后果更严重，对生命的危害性也更大，因为违章指挥往往是决策性的失误，而非小错误，违章指挥一旦造成事故，往往是群死群伤性事故。所以违章指挥更需要全面杜绝,共同纠正,才能保证生产安全。

在某建筑工地上,包工头张某向市建筑公司经理李某某提出:工期紧,要上水泥空心板的事。李某某问:"空心板啥时间打的?"张某回答,是4月22日打的;李某某明确答复:"不能上,最快也得过半个月以后才能上"。4月29日下午,张某在工地向施工班组的组长郭某安排上水泥空心板,郭某当时提出4月22日打的板,才一个星期,时间短,不能上。随即张某叫工人陈某带撬棒到打板场做了简单检查,回到工棚后对郭某说,"板硬棒着哩,质量还可以,再保养两天就可以上了"。4月30日下午,张某又到工地催郭某抓紧上板,延长工期要罚款。5月1日上午8时,郭某根据张某的决定派李某、王某等5人在房顶安装水泥空心板,当上到第二块板时,挂有水泥空心板的拖车的一个车轮压到上好的第一块板上,该板突然断裂下落,在房顶施工的王某随断折的板掉下地面,随后拖车将李某从房顶打落到地面上,导致一死一伤的严重后果。

这是一起典型的违章指挥责任事故。张某不听劝告,强令冒险作业,有章不循,违背规定,为赶工程进度,强令工人盲目蛮干,造成了一死一伤的严重后果。

安全管理上常常说"违章指挥等于杀人"。很多人觉得这样的说法似乎有些危言耸听,但实际上,无数血淋淋的案例已经无数次地反复证明,违章指挥就是杀人。因为违章指挥不出事故便罢,一旦出事故,造成的往往是群死群伤的事故,不仅伤害自己,还会伤害他人,这不是变相地杀人是什么!

所以,珍爱生命,爱自己,爱他人,务必全面纠正违章指挥行为。

(1)违章指挥的主要行为表现有:

①不能坚持安全第一,管生产时未同时管安全。

②企业内部劳动组织不合理,安全组织不健全。

第四章
杜绝违章违纪,遵章守纪才是珍视生命

③安全生产责任制不明确、不落实。对自身安全职责不清楚或落实不到位。

④安全技术知识贫乏,又不注意加强学习。

⑤安全措施制定不准确,缺乏针对性和严密性。

⑥安全规程、劳动保护法规实施不力,贯彻不周。

⑦分配工人工作,缺乏适当的程序,用人不当。

⑧不重视安全防护措施。

⑨内部管理松懈,管理上有随意性。

⑩布置生产任务和技术交底时,未进行安全指令和安全措施交底,或交底不认真。

⑪审批签发安全票证不认真、不把关、走过场。

⑫发现职工违章作业时不及时制止、纠正。

⑬不能带头遵章守纪。

⑭安全活动、安全教育、培训进行的不认真或没有针对性。

⑮对事故隐患的整改未落实整改措施或整改不认真、不及时。

⑯故意隐瞒事故,不报告上级。

⑰发生了事故未按"三不放过"原则处理。

⑱在计划、布置、检查、总结、评比生产时,未同时计划、布置、检查、总结、评比安全工作。

⑲制定检修计划时未同时制定安全措施和检修方案。安排检修任务时,安全措施不到位。

⑳强令工人冒险作业。

㉑为片面追求经济效益或是赶工期而冒险指挥。

㉒不能正确对待安全方面的批评。有的决策者在安全问题上没有摆正自己的位置,认为自己是一方领导,说了做了就作数,各级安监人员的安全建议和批评是故意给自己难堪。

以上这些行为表现,都是典型的违章指挥行为,需要每一个现场指挥人员对照自己的行为,认真反省,及时纠正,全面杜绝违章指挥。

违章指挥主要是领导者违章，因此领导者或指挥者自己，首先要杜绝自己的违章，先律己，然后才能律人，先保证自己不违章，才能督促员工不违章，从而全面杜绝违章行为，保证安全。同时员工也要敢于抵制违章指挥行为，拒绝执行，并及时纠正指挥者的违章指挥行为。只有指挥者和作业者上下齐心，共防共治，才能彻底杜绝现场违章指挥行为。

（2）指挥者要做到以下几点：

①指挥者思想上要真正树立起安全责任重于泰山，违章指挥等于杀人的思想，正确认识安全与生产的辩证关系，坚决做到不安全不生产，真正做到对职工生命安全高度负责。

②提高自己的技术业务素质，加强安全技术业务学习，提高安全意识和抓安全的责任感，提高按章指挥的能力，提高综合分析能力，要管什么就懂什么就精通什么，真正杜绝违章指挥。

③对于指挥者违章指挥的现象绝不姑息纵容，坚决予以惩处。对因违章指挥而造成事故的要从严处理，坚决防止避重就轻，大事化小，小事化了。尤其要克服那种出现事故自下而上分析原因，然后自下而上逐级递减处分的做法。

④加强对职工的安全技术业务、安全法律法规、安全管理制度的教育和培训，提高职工抵御违章指挥的能力。

⑤建立健全安全生产精细化管理制度，安全目标分解到岗，安全责任分解到人，特别是对于指挥者，要有更高的安全标准和更多的安全责任，才能使指挥者有一种紧迫感，随时提醒自己注意违章行为，杜绝违章指挥。

⑥要把违章指挥现象当作重大隐患进行排查和治理。

只有这样上下齐心，指挥者对工人高度负责，也对自己的安全高度负责，完全杜绝违章指挥行为，而作业者敢于坚守安全规章，坚决拒绝并抵制指挥者的违章指挥行为，才能真正全面杜绝违章行为，根除违章指挥，从而保证大家的安全。

第四章
杜绝违章违纪，遵章守纪才是珍视生命

4

严守劳动纪律，违反纪律只会让自己倒霉

违反劳动纪律也是事故的重要原因，许多事故之所以发生，与员工的纪律意识不强、不守章守纪关系密切。

1988年3月16日上午，成都石油化学厂由于外线突然停电，生产未能按计划正常进行。11时30分送电后，至12时25分，该厂锂基脂工段第一工序热油釜点火升温（热油釜系用40℃机械油做热载体的供热设备，为常压操作设备），当时天然气压力为0.02兆帕。热油釜升温后，其他生产准备工作相继开始，因送电晚，蒸汽压力较低，配料岗位的硬脂酸未熔化，锂基脂工段未投入联动运行。

14时30分，蒸汽压力上升至0.04兆帕，由于没有对天然气压力按工艺操作规程进行调试，在15时左右，导致油温升高沸腾，热油釜内压力上升。此时，由于当班热油釜司炉工擅自脱岗，到二楼操作室讨论出差事宜，致使油温无人控制。热油釜油蒸气冲开石棉盘根，从加油孔入孔处大量外溢，遇天然气火焰引燃爆炸。瞬间浓烟、火焰蹿至二楼封闭了操作室门窗，室内的工作人员，其中6人从窗跳出，未跳窗2人，1人被烧死在现场，1人在送医院途中死亡，另1名重伤员住院后因并发败血症抢救无效于4月1日死亡。

造成这起爆炸事故的直接原因，是当班热油釜司炉工违反劳动纪律，擅自脱岗到二楼操作室讨论出差事宜，致使油温无人控制酿成重大事故。

劳动纪律是用人单位制定的劳动者在劳动过程中所必须遵守的规章制度。劳动纪律是组织社会劳动的基础，是保证劳动得以正常有序进行的必要条件。违反劳动纪律的行为有很多，主要行为表现为：

（1）在禁火区吸烟。

（2）上班时间，睡觉、干私活、离岗、串岗和干与生产无关的事。

（3）班前、班中喝酒，酒后作业，酒后开车。

（4）工作时间，有分散注意力的行为，如嬉笑打闹。

（5）把外来人员带进生产岗位。

（6）非岗位人员任意在危险、要害、动力站（房）区域内逗留。

（7）进入生产岗位，不按规定穿戴劳保用品。

（8）抽或加有毒、窒息性气体的设备、容器、管道的盲板时，未使用隔离式防毒面具或使用过滤式防毒面具。

（9）操作旋转机床设备或进行检修试车时敞开衣襟、戴围巾和头巾或穿裙子、系领带操作。

（10）操纵带有旋转零部件的设备（如车床、钻床、台钻、切割机等）时戴手套。

（11）在有毒气体区域作业不带防毒面具。

（12）检修或操作酸碱设备时未戴好防护用品。

（13）女工进入生产现场时，未将发辫盘放入工作帽或安全帽中。

（14）在金属加工时，凡有颗粒铁屑、铜屑飞溅的场合，未戴护目镜。

（15）进入生产、检修现场未戴安全帽或未系下颏带。

（16）上班时间穿拖鞋、高跟鞋、凉鞋、塑料底鞋或劳保鞋当拖鞋

第四章 杜绝违章违纪，遵章守纪才是珍视生命

使用。

（17）进入容器、设备内作业，未佩戴或错误佩戴规定的防护用具。

（18）在易燃、易爆、明火、高温作业场所穿化纤服。

（19）高处作业，未系安全带或安全带低挂高用。

（20）使用安全装置不齐全的设备。

（21）设备上有安全装置，而操作时不用。

（22）任意拆除（解除）设备上的安全、照明、信号、防火、防爆装置和警告标志、显示仪表等。

（23）未经批准，擅自到别的岗位，开动本工种以外设备。

违反劳动纪律，是事故发生的重要原因之一。主要是因为对工作不负责任，自律意识差，安全意识淡薄，具体表现为：上岗上班期间擅自脱岗、睡岗、串岗；班前、班上喝酒；在禁止吸烟区域吸烟；在工作时间内从事与本职工作无关的活动；未经批准任意动用非本人操作的设备和车辆；无证违章操作；滥用机电设备或车辆等。如果平常已经习惯了自由散漫、为所欲为，根本不把纪律放在眼里，明知是违纪行为也置之不理、我行我素，事故当然就不可避免。所以需要我们在平时的工作中严格自律，时刻纠正，遵守劳动纪律，以保护自己的生命不受伤害。

要防范因为违反劳动纪律而引发的安全事故，首先要杜绝违反劳动纪律的情况发生。更要严格按制度惩戒，加强预防措施，对违反劳动纪律的行为要坚决纠正和杜绝，保证安全生产，防范事故的发生。

5 树立"我要安全"的观念，自觉杜绝违章行为

当前很多企业的安全工作还处在一种企业、领导和上级狠抓猛管、企业员工被动接受的"要我安全"的管理阶段，这其实是员工安全意识缺乏、没有安全主动性、没有真正树立起"安全第一"意识的表现。

"要我安全"从直观上讲是指各种规章制度的约束和各级领导喋喋不休的规劝，是一种传统的安全观念，指企业及基层管理采取行政手段，自上而下，实施强制性措施，主要突出企业的需要、突出管理的需要、突出管理者的需要，员工属于强制被动接受。正因为"要我安全"是强制的、被动的，反而容易使员工产生逆反心理，逆反心理的表现就是：明知不能这样操作，他偏要这样操作。这种"要我安全"的意识必然造成员工和企业之间产生抵触情绪，产生不和谐的音符。当领导或企业对于员工这种不把自己的生命放在心上、不注意安全的行为进行批评时，引起的不是员工的高度注意和及时改正，反倒是一些愤怒或抱怨，认为是"领导故意跟我过不去""找茬儿"，甚至"故意整我"，即使出了事故，也不愿意承认是自己的责任，认为事故难免，不是我出就是你出，不必大惊小怪。或者拿别人与自己比，说某某人不是也出过事故吗，何必说我呢？这种轻视生命、漠视安全的态度，如何能让安全得以保证呢？

第四章
杜绝违章违纪，遵章守纪才是珍视生命

只有从"要我安全"转变为"我要安全"，才能真正意识到生命的珍贵、安全的重要。只有所有员工的安全意识都从"要我安全"转向"我要安全"，安全才能真正得到保障。当然，这种转变不仅需要企业长期耐心的进行安全教育和引导，还需要员工自身的觉醒，有时候甚至是事故发生之后的警醒，才能促进这样的转变。下面这位员工的转变就是这样一个典型。

那是2009年12月中旬的一天，我们班组被分到YT-5集输井站干活。新疆的冬天很冷，零下二三十度，对我们内地人来说，这简直就是冰窖，但为了抢工期，我们仍然一大早就赶到工地，冷风呼呼地吹着，手脚都冻得僵硬，几个同事赶着去搭脚手架以便装污水罐，我则在下面割管子下料，突然听到有人喊："小许，快闪开！"我正想抬头看发生了什么事，"砰"地一下，一个重物重重地砸在我头上，我当时就瘫软在地上，所有人都围了上来，"小许，你怎么样？""喂，听得到我说话不？""有事没有？马上送医院。"……大家正七嘴八舌地着急呢，我慢悠悠地又坐了起来，大家不说话了，全看着我："你没得事吧？""没得事，就是头有点闷，啥子东西打到我哦？"我甩甩脑袋扭头一看，好家伙，是一根四五米长的搭脚手架的铁杆子，就是这玩意儿立着倒下来正好砸着我，我习惯性地摸摸头，却摸着了安全帽，我这才想起来，为了御寒，我在自己的毛线帽外面多加了顶安全帽，没想到这个看似漫不经心的举动却救了我一命。我脱下帽子，帽顶已经被铁杆砸裂，不能再使用了，看着这顶帽子我什么话都说不出来，大家也都你望我我望你，不知该说什么，一场惊心动魄的伤人事故就被这样一顶小小的安全帽给化解了。

从那以后，再也不用领导检查督促，一上工地，每个人都很自觉地戴好安全帽，并且还相互提醒，直到现在，我们上工

地,都会戴好安全帽,这已经成为全公司每个员工的习惯。

这位员工是幸运的,上帝给了他改正错误的机会,但是更多没有及时醒悟的员工也许永远都没有这样的机会了,他们的事例提醒的是后来者。更多的员工是通过无数血淋淋的案例才幡然醒悟,并积极从"要我安全"向"我要安全"转变的。

2003年,某钢铁冶炼厂车间发生一起安全事故,造成一人重伤。经调查,此次事故的原由是职工黄某到密浓机平台给地面和减速箱外壳洒植物除垢粉,由于洒的植物除垢粉刚溶解且地面油污比较厚,其右脚打滑,身体往后倾倒,被后面的栏杆顶住后背,整个人顺势往前扑,右手刚好卡在减速箱外部传动齿轮上,右手衣袖被齿轮绞入,右手中部靠在减速箱外壳被强力折断。如果黄某有安全防护意识,上班时严格遵守纪律穿上防护鞋,那么事故也许是可以避免的。

一个平日毫不起眼的打滑,谁会想到会出这么大的事,可就是这瞬间的思想麻痹最终酿成了这么大的事故。车间里也有其他的职工平常也不太在意穿戴防护衣物,亲眼见到这样的事故,都吓傻了。

这次事故以后,上班之前员工严格按照规定穿戴防护用品的自觉性明显高了起来,都不用车间领导再三强调了。这正是因为员工们亲眼见到了不穿防护用品的后果,深刻认识到了注意安全的重要性,在意识上从"要我安全"转向了"我要安全",从而把安全行为变成了一种自觉,安全也就成为自动自发的行动。这就是一种自觉的转变,只是这样从鲜血中形成的转变代价未免太大了些!

"要我安全"不安全,"我要安全"才能真正地安全。因为只有员工树立起"我要安全"的意识,才能自觉追求安全,维护安全,把安全变为一种自觉自愿的行为,主动积极地去寻找安全,才能时刻谨记遵

第四章
杜绝违章违纪,遵章守纪才是珍视生命

章守纪,才能主动纠正违章行为,在做任何工作的时候,都会以"安全"为准绳,以"安全"为标准,从而循规蹈矩、严守章程,安全才能有真正的保障。

6 让遵章守纪成为一种习惯

习惯决定安全,安全源于好习惯。习惯是什么?习惯就是我们的思想指挥着我们的行动,并在反复的行动中所逐渐形成的一种不易改变的行为。英国著名哲学家弗朗西斯·培根曾说过:"习惯真是一种顽强而巨大的力量,它可以主宰人生。"美国成功学大师拿破仑·希尔说:"习惯能够成就一个人,也能够摧毁一个人。"心理学巨匠威廉·詹姆士说:"播下一个行动,收获一种习惯;播下一种习惯,收获一种性格;播下一种性格,收获一种命运。"行为、习惯、性格和命运,无一不是由习惯决定。因为习惯一旦养成,要改变起来就很难。这样的习惯必然左右我们的日常行为。所以,要保证安全,要护卫生命,我们首先要养成遵章守纪的好习惯才行。因为许多生命的逝去,其实都是因为我们不遵章不守纪的坏习惯。

某市一小区居民请空调工来家安装空调,结果该工人在外墙作业时失足坠楼不幸身亡。当时,这名工人竟然穿着拖鞋,而且没系安全带。该居民说,当时曾经要求他系安全带,结果这位工人说他一直都是这样干,从来没出过事。而这次却没能侥幸逃脱。按照有关规定，在离地面2米以上进行安装空调一类的高空作业时，应该绑安全带。而实际情况是，很少有工人绑安全带。这户居民的家在5楼，离地面足足有十多米高，这位工人都没有绑安全带，违规作业对他来说已经成为习惯，这样的习惯却最终要了他的命。

习惯是安全最大的敌人。如果不能及时改正我们的安全坏习惯，事故是永远无法避免的。这是无数人用鲜血反复证明过的真理。习惯犹如一块土地，倘若在这块土地上种下优良的"种子"，收获的就是果实；倘若种下卑劣的"种子"，那么收获的将是灾难。

在某高速公路曾经发生过这样一起特大交通事故。一辆大客车与一辆大货车相追尾，结果造成12人死亡，41人受伤。据相关报道，这起事故发生的原因是由于大客车司机习惯性作业发生意外而造成的。原来，司机老李有一个习惯，那就是每当开车开得很疲乏的时候，总要点上一根香烟，以它来解乏提神。事故发生前，他已经连续驾车9个小时，这时习惯性地他点上了一根香烟，一根致命的香烟。就在他准备超前面那辆大货车的时候，从香烟上掉下的还带着火星的烟灰一下子落到了他的腿上，由于当时是夏天，他穿的裤子很短，当他低头用手去弹烟灰时，踩油门的脚由于烟灰的灼痛本能地一伸，车速猛地一快，就一下子撞在了前面那辆大货车上。事故就这样发生了，12条鲜活的生命就这样永远地沉睡了，司机老李也被当场撞死，也许他永远不会知道他会为自己的习惯性作业付出如此惨重的代价。

世界上最可怕的力量是习惯，世界上最宝贵的财富也是习惯。坏习惯能毁掉我们拥有的一切，甚至是生命，而好习惯却能保障我们一切顺利，处处顺心，能轻易地避开事故，减少事故发生，或是降低事故的损

第四章 杜绝违章违纪，遵章守纪才是珍视生命

失，使安全得到保证。

日本《读卖新闻》刊登了一则消息，日本滋贺县一名右腿安装义肢的63岁男子因做专职司机32年无事故、无违规，被授予"滋贺县交通安全协会长奖"。这位男子名叫大久保信之，是一名公司员工。

大久保信之小时候在一起交通事故中受伤，右侧小腿被切除。他一直是用右膝控制油门和刹车的，驾驶车型为超过16米的大型拖车。他表示开这种大型车辆是为锻炼毅力，挑战自我，同时也表示，他在驾驶车辆时，一直将安全驾驶牢记心间，养成了安全驾驶的好习惯。

他在驾车时小心谨慎，尤其是在过路口时，总是谨慎慢行，左右确认几遍之后才通过。1978年之后，他就再没违反过交通规则。现在，大久保信之进入了长市一家运输公司工作，又考取了大型车辆驾驶执照。他目前的工作就是每天驾驶大型拖车行驶200公里，往返于长滨市和名古屋港之间。他表示，安全驾驶是司机的天职，并希望在持有驾照的期间，一直坚持安全驾驶的好习惯，做到无事故、无违规。

安全生产其实和开车一模一样，要想安全，就必须要百分之百地遵章守纪，着力培养遵章守纪的好习惯，任何时候都绝不越雷池半步。只有做到这一点，安全才有保障，事故才能避免，生命才能无恙。

第五章
预防生产事故,事故是生命最大的敌人

　　事故是伤害生命的恶魔,是生命最大的敌人。无数生命消失于一起又一起的事故之中。不发生事故,一切安全,一旦发生事故,一切都会完全改变,生命飘逝、幸福凋落、未来成空。特别是各类安全生产事故,更是伤人无数,害人至深。我们珍爱生命,至关重要的就是要防范事故。只有杜绝事故才能保证安全,只有杜绝事故才能没有伤亡,只有彻底消灭事故才能让生命之树常青!

安全事故是伤害生命的恶魔

对于生命来说,威胁无处不在,危险无处不在,任何一处小小的疏漏、任何一点儿微小的大意,或是任何细微的失误,都会导致生命的消逝,导致不可挽回的结果。

而对于员工来说,生命的最大威胁来自岗位危险因素,来自上班时的8小时,因为安全生产事故的发生。

生命的消逝几乎总是与事故画等号的,凡是生命受到伤害的时候,无一不是事故发生的时候。事故永远与死亡、伤残、损失相生相伴,有事故不一定会有伤亡,但有伤亡一定会有事故,事故就像是一个伤害生命的恶魔,随时都会攫走生命。我们来看一下2014年的重大事故与伤亡情况:

2014年1月14日14时52分,浙江省台州温岭城北街道杨家渭村大东鞋厂发生火灾事故,16人死亡。

2014年1月15日9时许,云南省昆明市禄劝县马鹿塘乡上龙厂村路段,一辆面包车坠入50余米山崖,12人死亡。

2014年3月1日14时50分,山西省晋城市境内(晋城—济源)高速公路,一辆甲醇运输车与一辆运煤车发生追尾,导致运煤车自燃,引发起火,导致40人死亡。

2014年3月3日1时20分,甘肃省甘南州境内,一辆客

第五章
预防生产事故，事故是生命最大的敌人

车从云南驶往兰州皋兰，行至国道213线合作市卡加曼乡依毛村附近时发生侧翻，10人死亡。

2014年3月5日吉林省吉林市更换的报废货车发动机总成燃油管及密封垫片老化，导致燃油渗漏，发生爆炸，导致10人死亡，17人受伤。

2014年3月6日9时45分许，四川省南充市仪陇县，一辆农村客运车行至杨桥镇五一桥时，撞断护栏坠入湖中，11人不幸遇难。

2014年3月25日0时30分左右，重庆市黔江区，一辆大客车行至包茂高速公路黔江段发生侧翻，随后被货车追尾，16人死亡。

2014年3月26日13时25分许，广东省揭阳市普宁市军埠镇莲坛村泉发楼一内衣作坊发生火灾，12人遇难，火势于13时54分被扑灭。

2014年4月7日4时50分，云南省曲靖市麒麟区黎明实业有限公司下海子煤矿一采区工作面放炮引发透水事故，21人遇难。

2014年4月21日0时30分许，云南省曲靖市富源县红土田煤矿井下发生一起瓦斯爆炸事故，当班入井56人，事发后，安全升井42人，14人遇难。

2014年5月3日13时许，广东省茂名市高州市深镇镇良坪村委会坑口村一在建石拱桥突然发生崩塌，造成11人死亡。

2014年5月14日，陕西省榆林市榆阳区中煤大海则煤矿发生溜灰管坠落事故，13人死亡。

2014年6月3日，重庆市南桐矿业公司砚石台煤矿发生瓦斯爆炸事故，22人死亡。

2014年6月11日，贵州省六枝工矿集团公司新华煤矿一炮掘工作面发生煤与瓦斯突出事故，10人死亡。

生命只有一次　且行且珍惜

2014年7月5日，新疆生产建设兵团第六师大黄山豫新煤业有限责任公司一号井发生瓦斯爆炸事故，17人死亡。

2014年7月10日17时左右，湖南省长沙市岳麓区境内，一辆校车掉入水库，11人溺水身亡。

2014年7月19日3点左右，沪昆高速隆回到洞口段发生交通事故，装有易燃易爆品的小货车与一大巴车相撞，发生爆炸、燃烧，5车受损严重，共造成43人遇难。

2014年8月2日，江苏省昆山市中荣金属制品有限公司抛光车间发生粉尘爆炸特别重大事故，共造成75人死亡。

2014年8月9日16时25分，西藏自治区拉萨市尼木县境内，一辆大巴车与一辆越野车和皮卡车碰撞，货车追尾大客车致使轻型货车所运载乙醇泄漏燃烧，大巴车坠入悬崖，44人不幸遇难。

2014年8月14日，黑龙江省鸡西市城子河区安之顺煤矿发生透水事故，16人遇难。

2014年8月19日，安徽淮南煤矿发生瓦斯爆炸事故，27人死亡、1人受伤。

2014年9月22日15时20分，湖南省株洲市醴陵市浦口南阳出口鞭炮烟花厂发生爆炸事故，14人不幸遇难，另有33人受伤。

2014年11月16日晚7时，山东潍坊市寿光龙源食品有限公司一胡萝卜包装车间发生火灾，18人当场身亡，另有13人受伤入院救治。

2014年11月26日2时35分，辽宁省阜新矿业（集团）有限责任公司恒大煤业公司综采放顶煤工作面发生一起重大煤尘爆炸燃烧事故，28人遇难。

……

这一组数据不过是近年来发生的重大安全事故的冰山一角。资料显

第五章
预防生产事故，事故是生命最大的敌人

示，2014年1~11月各类生产安全事故共26.9万起，其中重特大事故37起、死亡685人。全年因事故死亡总数达68061人！其中包括生产安全事故、交通事故、火灾、抢劫、意外事故等众多方面……

可见，事故是生命最大的威胁！生命的死亡总是伴随事故的发生而发生，没有事故就没有伤亡，没有事故就没有悲伤，没有事故就没有撕心裂肺的痛哭，没有事故就没有伤心痛悔的血泪……事故带走了那些鲜活美丽的生命，留下的，就只有伤悲和眼泪！

所以，珍爱生命，重视安全，就必须提高事故预防意识，认识到事故对生命的巨大威胁，认识到事故的巨大危害，认识到事故的惨痛后果，并把事故消灭在发生之前，才能保护生命的安全。只有驱走事故的恶魔，才能保证生命的安然无恙。

杜绝事故的关键在于预防

要杜绝事故，关键在于预防。幸运的是，不论事故有多么可怕，只要我们小心谨慎，早做准备，就都可以预防。也就是说，只要我们预防得当，所有的事故我们都可以把它们消灭在发生之前，那么，随事故而来的伤亡和损失也就不会发生了。

现代企业安全的典范企业杜邦公司便提出了"任何事故都是可以预防的"的理论，并身体力行，用杜邦企业的安全成果有力地证明了这一结论的正确性。

生命只有一次 且行且珍惜

从1802年杜邦初建开始,产品几乎全部是最易引起事故的黑火药。火药时刻会爆炸,尽管创始人E.I.杜邦在厂房选址及车间设计上,充分考虑了将可能的爆炸造成的损失减少到最小,但接二连三的重大伤亡事故仍然在发生,以至于E.I.杜邦的几位亲人也没能逃脱厄运。其中,最大的事故发生在1818年,100多名员工中,有40多人伤亡,企业一度濒临破产。

刻骨铭心的事故让创始人E.I.杜邦体会到设备和厂房的安全并不能完全杜绝安全事故,真正的安全,必须由制度和意识来保证。事故发生后不久,E.I.杜邦做出了今天看来堪称影响杜邦历史的三个决策:首先,建立管理层对安全的责任制度,而不专设安全生产部门,即从总经理到厂长、部门经理、组长等,所有管理者均是安全生产的直接责任人。其次,建立公积金制度,即从员工工资、企业利润中定期提取公积金,为万一发生的事故提供经济补偿。最后,建立"以人为本"的安全管理理念,即通过各种形式的宣传教育,让员工真正认识到,安全生产并不是对他们生产行为的约束与纠正,而是对他们人身的真正关怀与体贴。

200年来,杜邦不折不扣地执行着上述三条决策。以至于今天,安全观念已成为杜邦独特企业文化的一部分:每次公司召开会议,主持人首先要做"安全提示",提醒与会者安全通道出口的位置及如遇紧急情况时应采取的措施;在公司办公室中,坐椅者绝不可使座椅两腿着地;公司更是要求杜邦员工及其家属在乘任何机动车辆时,应随时系好安全带。

20世纪40年代,该公司提出了"所有事故都是可以预防的"理念,而提出这个理念的基础,就是这个公司从1912年开始的安全数据的统计工作。大量的统计数据,所有的事故分析,都支持了这个结论。因此,杜邦公司把所有的安全目标都

第五章
预防生产事故，事故是生命最大的敌人

定为零，包括零伤害、零职业病和零事故。他们有严密的安全原则和必胜的安全信念，尽力斩断"事故链"的每一个环节，达到工作时比在家里还要安全十倍的理想境界。

一切事故都是可以预防的。这个结论与海因里希的安全法则正好可以互相佐证。海因里希法则又称"海因里希安全法则"或"海因里希事故法则"，是美国著名安全工程师海因里希提出的。

这个法则是1941年美国的海因里西从许多灾害统计的结果中得出的。当时，海因里希统计了55万件机械事故，其中死亡、重伤事故1666件，轻伤48334件，其余则为无伤害事故。从而得出一个重要结论，即在机械事故中，死亡、重伤、轻伤和无伤害事故的比例为1∶29∶300，国际上把这一法则叫"事故法则"，也叫"1∶29∶300法则"。这个法则说明，在机械生产过程中，每发生330起意外事件，有300件未产生人员伤害，29件造成人员轻伤，1件导致重伤或死亡。

海因里希法则要强调的是，最可怕的是对潜在性事故毫无觉察，或是麻木不仁，结果导致无法挽回的损失。因为一起重大伤亡事故的发生，其实至少已经有29个轻伤事故和300个隐患发生了，只是没有引起人们的重视。如果重视或及时纠正了的话，重伤事故就不会发生。海因里希法则不仅仅说明事故是可以预防的，而且说明了隐患对于事故的巨大威胁。

把杜邦的理论和海因里希的法则结合起来看，就可以很明显地看出，事故确实是可以预防的，可以把事故消灭在未发生之前的，只要我们把事故发生之前的300个违章或隐患找出来，消灭掉；把29件轻伤事故提前预防，不让它发生，威胁生命安全的重大事故就必然无处隐藏，无处逃遁，不可能再发生！

那么，我们要如何做才能真正阻断事故发生的链条，把事故消灭在

生命只有一次 且行且珍惜

发生之前呢？

一要树立"一切事故都是可以预防的"意识。"一切事故都是可以预防的"是科学的安全管理理念。既然就某一起事故而言，如果预先采取了针对性的预防措施，事故是完全可以避免。那么，如果我们预先对工作场所、设备等所有工作对象、劳动工具以及人的行为进行了全面的、科学的危险识辨和评估，并根据评估结果采取了针对性的预防措施，则无数个可以预防的个体总和，便是所有事故均可避免的结论。

二要树立"预防在前"的超前意识，把工伤事故和各种职业危害消灭在萌芽状态。安危因素总是共存于一切事物的整个过程之中，要居安思危，在日常工作和生活中，不能习惯于不出事故不知道，出了事故吓一跳；不出事故不关心，出了事故才去找原因。要做到防患于未然，必须具备超前预测和预防事故的能力，并有一个严、细、勤、实的工作作风。还要加大安全监督管理的力度，把各项防范措施落实在事故发生之前，将事故隐患消灭在萌芽状态。只有这样，才能牢牢掌握安全工作的主动权，才能使事故的发生率降到最低点。

三要树立正确的安全观念。要有"不伤害自己，不伤害别人，不被别人伤害"的安全观，大力提倡"我为人人，人人为我"的思想意识，时时处处以我为中心，"我"字当头，从"我"做起，从身边做起，增强自我保护意识，提高自我保护能力。这样，在各行各业的生产大军中，千千万万个"我"就在无形之中构建了一个偌大的"安全防护林"，安全就有了保障。

四要树立掐灭事故萌芽的意识，要"做在前"。在生产过程中，对于人的不安全行为、机械设备的不安全状态、环境的不安全因素、管理工作中存在的问题和尚未整改的缺陷等，要事先鉴别和判断可能导致伤害事故的各种因素，特别是重大事故的隐患，要及时采取果断的措施，消除和防止事故的发生。

●●●●●

有一次，郑州供电段郑州变电车间管内变电所亭相继出现

第五章
预防生产事故，事故是生命最大的敌人

了两起六氟化硫断路器因灭弧气体泄漏引发的自动跳闸故障。设备自动跳闸故障，虽未危及行车供电安全，却是严重的事故隐患，领导随即安排技术人员深入现场调查、分析。经查明，这些故障均属同批投运已17年之久的瑞典产设备，已进入断路器检修工艺规定的大修周期。造成灭弧气体泄漏是由灭弧装置中密封垫磨损所致，而致使密封垫磨损的"罪魁祸首"是断路器的传动轴。

"一定要把事故苗头消灭在萌芽时！"在车间召开的故障分析会上，决定将这一批的设备全部更换，进行大修，以消除所有隐患，阻绝事故的发生链条。全面杜绝了事故发生的可能。

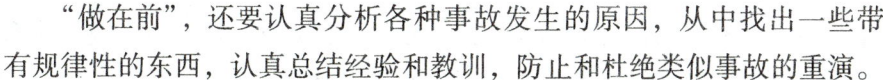

"做在前"，还要认真分析各种事故发生的原因，从中找出一些带有规律性的东西，认真总结经验和教训，防止和杜绝类似事故的重演。

一切事故都是可以预防的，关键是树立预防意识，想在前、做在前，全面消除事故隐患，才能掐灭事故的苗头，把事故消除在萌芽状态，保证安全。

预防事故必须找出隐患

隐患是安全的天敌，正是大量隐患的存在，为安全事故的发生埋下了伏笔。安全的核心就是预防事故，预防事故的关键就是查找和治理隐患，确保作业人员的安全。

生命只有一次　且行且珍惜

对于事故的概念，不同的行业有不同的描述。广义的是指人们在生产、工作和生活中可以预见的危险、行为人过失或者轻信可以避免而发生的对本人或者他人造成身体伤害和财产损失的灾祸。事故区别于自然灾害，自然灾害多是不可预见的、人力不可抗拒的所造成的人身和财产的损失。事故的发生规律告诉我们，一切事故皆可预防，一切事故皆可避免，事故链原理就是最好的佐证：初始原因→间接原因→直接原因→事故→伤害，只要这一系列和一连串事件中有一件不发生，事故就会戛然而止。海因希里法则要告诉我们的就是事故是有征兆的、有苗头的，而且之前主要表现为隐患，那么我们就可以去发现隐患，并将其消灭在萌芽状态，从而达到预防和避免事故的目的。

隐患之所以叫作隐患，当然是因为它以隐蔽性为主要特点，并以安全状态为假象，因而常常不被人们关注。要找到并消除隐患，就要求我们每一位员工都要以高度的安全责任心认真对待，练就一副洞察隐患的"火眼金睛"，才能把事故隐患暴露在光天化日之下，并坚决果断地干掉它。

生产过程中的事故隐患，具有相当强的不稳定性和时段性。在没有人为整改因素状态下，隐患可以很快演变为事故。许多生产事故在发生前，不是我们没有发现隐患，而是漠然处之，存有侥幸心理，听之任之，任其发展，其结果是生产事故的必然爆发。

有些人看不到隐患"立即整改"和"限期整改"的区别，看不到"立即整改"和"边施工边整改"的区别，甚至把"带病运转"视为正常状态。有些单位负责人为了追求所谓"利润最大化"，只顾赚钱不顾员工死活，只顾利润产出不顾必要的安全投入、安全条件的改善、事故隐患的应急整改，缺乏危机感。消极的态度必然导致生产事故的发生，等来的只能是惨痛的教训和严厉的惩罚。

●●●●●

1995年9月9日，某作业队在H2-6井下油管作业时，职工马某负责拉油管，由于他所用的24管钳牙口磨损严重，未咬

第五章
预防生产事故，事故是生命最大的敌人

紧油管，上提油管单根时，管钳打滑，油管前冲，接箍挂在井口上，油管尾部翘起将马某的头部砸成重伤，终致不治身亡。造成此次事故的直接原因是管钳打滑；井口摆放的油管枕高度低于井口法兰。这个事故给我们的启示是：当班职工责任心不强，安全意识淡薄，没有认真检查工具所潜藏的安全隐患。

•••••

如果当时能仔细地检查一遍，这样的悲剧或许就不会发生。但是，安全没有如果，没有或许，安全与不安全就在一瞬间、一滴油漆上，其分界不过就在一扇门的开和关之间。

安全隐患还有一个特点，就是小、细、微。唯其小，才易被忽视；唯其细，才不易被发现；唯其微，才不容易被重视。在预防事故工作中，有些事情看起来微不足道，实际上非同小可，有的小事捅出大娄子，懊悔不已；有的无视安全，酿成大祸；有的违章操作，命丧黄泉。俗话说："沙粒虽小伤人眼，小雨久下会成灾。"小过错与大祸端没有不可逾越的屏障，事物量变到一定程度就会引起质变，小过错也不可小视。

•••••

某矿采煤队一位员工在对工作面机头顶板进行支护时，发现有一根液压支柱有轻微的卸压现象，可他没当一回事，继续工作，然而顶板突然大面积来压力将卸压支柱压倒，造成顶板矸石垮落打断他的右脚。

2004年11月20日河北省沙河市发生"11·20"铁矿火灾事故，造成数十人死亡，矿井发生火灾的原因查明为主井盲井电缆内燃引发坑木燃烧。

•••••

所以要把好预防事故这道关，保护生命安全，就一定不能放过隐患。要利用各种形式查找存在的隐患，这些隐患包括我们思想意识上的隐患、工作态度上的隐患、生产系统中的隐患、工作岗位上的隐患等，每一种查明了的隐患都要尽快整改、处理和消除。如有一些职工历来遵守岗位纪律挺好，偶尔一次值班中脱岗了几分钟，而事故恰恰发生了。事后，当事者说："真想不到，就脱岗那么一会儿，偏偏出了事。"这种"想不到"就是安全生产最大的隐患，思想意识上的隐患。因为岗位上制定的操作规程、岗位责任制、劳动纪律都是经过长期的工作实践积累总结出来的，是安全生产的法宝。干工作凭侥幸，难免不出事故，难免有"想不到"的感叹，而往往等想到、认识到的时候，后悔也就晚了。隐患无大小，在隐患的治理整改上不存在大小之分，小隐患也可能酿成大事故。即使隐患再小，隐藏得再深，就是用放大镜、用显微镜也要把它找出来，不让这小小的隐患酿成大的灾难。

* * * * *

2007年7月19日凌晨3时许，安徽电建一公司华电芜湖项目部二号炉施工电梯操作工黄某某在电梯运行时，突然感觉好像有亮光。凭借多年工作的本能，他知道这肯定不正常。他急忙下机观察，发现亮光来自炉顶，是炉顶放料平台的广式照明变压器线圈着火正在燃烧，大约在炉顶72.8m处出现了火光。要是不及时灭火，火势必将进一步蔓延，引发事故。黄师傅一边喊人，一边顺着电源线寻找开关，关闭了电源。由于没有灭火器材，他只好用脚将明火踩灭。他又担心其复燃，找来水浇注于着火部位，彻底消除了安全隐患。

* * * * *

正是黄师傅的"火眼金睛"，及时发现了隐患，才避免了一起重大的事故。"火眼金睛"是孙大圣的法宝，在西天取经的漫长道路上，各类妖魔鬼怪幻化出的异象令人防不胜防，倘若不是孙大圣的火眼金睛洞若观火，辨别出哪些是妖怪、哪些是良善、哪些要严厉打击、哪些要安慰帮助，只怕到今天还没有取回真经，而唐僧也已进了哪个妖怪的肚子了。隐患就是安全生产的妖魔鬼怪，就是防范事故的拦路虎，就是需要用我们的"火眼金睛"来发现并清除的"祸害"！

有了"火眼金睛"，我们就不怕隐患埋藏得深，也不怕隐患躲藏得紧，睁大眼睛仔细找寻，就能把这些隐患找出来，还我们以安全。

第五章
预防生产事故，事故是生命最大的敌人

生产中的安全隐患很多，诸如企业管理制度和操作规程不完善；执行制度不严格；生产现场存在跑、冒、滴、漏现象；防爆区域电气不防爆；设备陈旧，平台、栏杆、楼梯、管道锈蚀严重；三级安全教育不到位，未吸取外单位事故教育；生产工艺落后；安全设施检测维护不到位；警示标志、安全告知不全；危险化学品超量存放和不分类存放；可燃气体、有毒气体报警仪该装的地方未装，或装好的维护不到位；职工防护用品不全，佩戴不规范；应急救设施不全，装备和资源不足，措施和材料不到位等，这些都是需要我们好好查找、不可疏漏的。还有如我们思想意识上的隐患、工作态度上的隐患、生产系统中的隐患、工作岗位上的隐患等，隐藏得更深，更需要我们提高警觉性，及时查找，及时整改，尽快处理、消除，才能真正保证安全。

隐患的危险正是在于"隐"，在于我们不容易发现它。只有我们具有高度的隐患意识，时刻谨记隐患就在身边，而且有发现隐患的"火眼金睛"，我们才能及时发现隐患，面对隐患，以最好的方法处理隐患，从而避开危险，防范事故。

●●●●●

辽宁抚顺石油一厂东蒸馏车间工艺一班7名班组员工，在班长舒某某的带领下检查消防器材及设施时，一下子查出200余项不安全状态！上下楼梯的过程中看手机短信，冬天走室外楼梯不扶扶手，泵上的一个小螺帽松动了，阀上的皮垫锈死了，管线有裂缝，消防装置摆放不合理，防冻液、防凝剂没有添加……这些查找出来的隐患让员工们既惊讶又庆幸，惊讶的是自己身边竟然"埋伏"着这么多的"定时炸弹"，庆幸的是这次把它们全找出来了，不再怕这些"定时炸弹"。

●●●●●

要练就"火眼金睛"，当然需要我们下功夫。要强化安全规章制度的学习，强化安全意识，认识到违章的严重后果，增强辨别安全隐患、防患于未然的能力，要在岗位安全这座"八卦炉"里"烟熏火燎"地强化自己的安全技能，更要在平常的隐患查找和整改过程中增加自己

"降妖除魔"的经验。只有真正练出一双"火眼金睛",把那些隐藏比较深、不易为人们所察觉的安全隐患及时找出来,并予以纠正,我们的安全才有保障。

古人说:"明者见于未萌,智者避危于无形,祸因多藏于隐微,而发于人之所忽者也。"意思是说明智的人在事故发生前就有了预见,有智慧的人在危险还没有形成的时候就避开了,灾祸本来就大多藏在隐蔽不易发现的地方,而突发在人的忽略之处。消除事故隐患才能真正有效地避免生产事故的发生,才是我们安全生产工作的根本所在,才能使安全真正根植于心、融于血,时时处处绷紧安全这根弦,用放大镜甚至显微镜来查找隐患,才能做到防患于未然。

不仅要找到隐患,还要及时加以清除才能安全

隐患就是危险,隐患就是危害,隐患就是事故的前兆,隐患就是安全的绊脚石。隐患不除,企业就无宁日,安全就无保障。所有事故隐患,包括人的不安全行为和物的不安全状态,一经发现,都应立即整改,全面消除。即便特殊情况下一时不能整改的,也必须及时采取相应的监控措施,并对整改措施或监控措施的实施过程和实施效果进行跟踪、验证,确保整改或监控达到预期效果。如果我们查找出了隐患,却不管不问,放任自流,或是纵容包庇,那我们就极有可能在制造事故,

第五章
预防生产事故，事故是生命最大的敌人

甚至在自杀甚至杀人！这绝不是危言耸听，因为放过隐患，就等于失去了一次清除危险、防范事故的机会，发生事故的概率就大大增加了，一旦发生事故，于己，不就等于自杀；于他人，不就等于杀人吗？

●●●●●

1998年5月，某企业二号立式烘炉操作工赵某发现进芯机有毛病，就向当班班长姬某反映。姬某检查后，发现进芯机电磁阀的牵引连接螺母脱落，就到机动科叫来钳工陈某进行修理。修好后开始试车，进芯机进第二板芯子到位后，设备运转正常。陈某说了声"好了"，就离开了电磁阀处。姬某继续工作。过了一会儿，车间带班工长崔某来到二号立式烘炉处，发现电磁阀调整螺母不到位，就面朝东站着动手调整，姬某在一旁帮助调整螺母，调整好后放下电磁阀，进芯机退回。这时赵某往北去准备开炉，发现陈某头部被挤在进芯机托架与立柱之间，人已经昏迷，于是急忙将陈某送往医院抢救，经诊断为颅骨骨折和严重脑挫裂伤，次日经抢救无效不幸死亡。

车间带班工长崔某和当班班长姬某，在调整螺母过程中，没有认真观察进芯机周围状况，安全意识缺乏；而钳工陈某在调整电磁阀牵引连接螺母后，走到进芯机处，未与任何人打招呼，头部伸入进芯机危险区进行检修，结果造成伤害。

2009年7月28日夜班，某矿掘进队一生产班在386采区六石门作业，完成了打锚杆、打眼等工作后，进入放炮作业。当爆破完起拱线位置的爆破炮眼后，班长和放炮员、瓦检员进入爆破现场，发现压风管路接头处往外漏风。班长安排安全班长向调度室汇报完情况，没有停止作业先处理工作面的不安全隐患，而是继续安排职工先除矸，把道路疏通，不影响机车运行。除矸时，压风管接头突然脱落，把靠近管路的三名工人冲伤。

已经查找到安全隐患，压风管路接头漏风，存有不安全因素，还继续施工，抢工图快，缺乏隐患意识，正是事故的重要原因。

上述两起事故都是由隐患引发的。有些隐患是习惯性的违章违纪，有些隐患已经被查找出来，却没有引起足够的重视，依然被放过，被忽略，最终事故躲避不及。看似微小的隐患，却带来极为严重的后果。所以，不管是什么样的隐患，不管是大是小，是急是缓，是司空见惯还是稀有罕见，都绝不能放过。因为放过隐患就等于制造事故。

排查隐患是为了治理隐患，整改隐患，消除隐患，而不是为查而查，更不能查过就算了。所以，隐患要查一处清一处，查一处处理一处、整改一处、消除一处，才能真正达到排查隐患的目的。

如某厂送风机轴承异音，解体检查发现轴承滚子有脱落掉块儿现象，润滑油底部沉积大量灰粉铜屑，分析原因为灰粉从轴承箱轴封处进入该厂，电除尘经常放灰，含有灰粉的空气被吸入送风机，送风机风箱轴封不严，轴承箱的轴封毛毡也长期没有更换，灰粉进入轴承箱，污染润滑油造成轴承损坏。检修中采取相应措施消除了这一设备隐患，各台送风机的轴承再也没有因为润滑油进灰而损坏。

查到隐患不是目的，清除隐患才安全。所以，对查到的隐患千万不可放过，要及时整改、全面清除，才能真正达到治理隐患的目的。实践中最为行之有效的办法，是建立事故隐患整改责任制度。该制度应包括：事故隐患整改的责任认定；事故隐患整改的人员、物资、经费保障；整改完成时间；事故隐患整改的现场安全督办和复验；应急状态下救险、人员疏散、医疗保障等措施方案，定责任、定人员、定经费、定措施、定时间。

处理隐患要分工明确、责任到人，限时间保质量地清除隐患。对能立即整改的，立即改；对因条件不到位一时不能整改的一定要拿出补救的措施来；对需要上级解决的问题，要立刻报告请示如何办。要对整改的情况建立跟踪检查考核机制，不能说在口上，写在纸上就完事，要整改执行到位。

不论对人的隐患还是物的隐患，发现一处就一定要及时清除一处、整改一处。要杜绝查而不严、查而不改的现象。整改工作是隐患管理的重中之重，整改的最终目的就是要消除隐患，杜绝事故发生。要不断增强安全意识，总结经验、汲取教训、分析规律，提升安全技能素质。要严格遵守各种安全规章制度，知道什么事可以做，什么事不可以做。同时，在治理"隐患"中，要敢唱"黑脸"，互相监督，不放过任何违章行为，使大家共同养成按规章制度和程序标准办事的习惯。对于查出的"隐患"，要结合实际，多角度、深层次分析其产生的原因，迅速治理，及时消除。隐患整改就是从技术上、措施上、管理上对隐患进行治理，使其降级或消除。从而真正达到安全的目标。

掌握事故预防要点，杜绝生产事故的发生

对于员工而言，事故可能会随时发生，这不仅要求我们严守规章制度、遵守劳动纪律，按照操作规范来操作，还需要我们懂得基本的安全知识。学习岗位安全技能，更需要我们全面掌握各种事故的预防要点，对各种有可能发生的事故控制和预防措施了然于胸，才能真正预防事故的发生。

（1）机械事故的预防要点。

机械伤害事故是人们在操作或使用机械过程中因机械故障或操作人员的不安全行为等造成的伤害事故。发生事故以后，受伤者轻则皮肉损伤，重则伤筋动骨、断肢致残，甚至危及生命。

1996年10月21日，南宁市某建筑公司在生产过程中，木工组张某在未经现场管理人员同意的情况下，擅自将一块直径30厘米、厚3毫米的砂轮钢筋切割片安装于电锯上，接通电源后打磨木工圆盘锯片。高速旋转的砂轮切割片因受侧压而突然破碎，切割碎片飞出，刺入张某左胸处，造成其胸部重伤。现场人员急忙将他送往医院抢救，但是由于伤势过重，经抢救无效于当日死亡。

机械作业是相当危险的，如果不严格按照安全操作规程进行操作，安全就不可能有保证，就一定会发生事故、发生伤害。所以，机械加工企业班组对于安全更需要提高警惕，高度防范。预防机械伤害应从以下几方面入手：

①检查机械设备是否按有关安全要求装设了合理、可靠又不影响操作的安全装置。

②检查零部件是否有磨损严重、报废和安装松动等迹象，发现问题后应及时更换、修理，防止设备带病运行。

③检查电线是否破损，设备的接零或接地等设施是否齐全、可靠。

④检查电气设备是否有带电部分外露现象，发现后应及时采取防护措施。

⑤检查重要的手柄的定位及锁紧装置是否可靠，发现问题后及时修理。

⑥检查脚踏开关是否有防护罩或藏入机身的凹入部分内，如果没有，应改正以后才能操作。

⑦操作人员在操作时应按规定穿戴劳动防护用品，机加工严禁戴手

第五章
预防生产事故，事故是生命最大的敌人

套操作，留长发人员应戴工作帽，且长发不得露出帽外。

⑧操作设备前应先空车运转，确认正常后再投入运行。

⑨刀具、工夹具以及工件都要装卡牢固，不得松动。

⑩不得随意拆除机械设备的安全装置。

⑪机械设备在运转时，严禁用手调整、测量工件或进行润滑、清扫杂物等。

⑫机械设备运转时，操作者不得离开工作岗位。

⑬工作结束后，应关闭开关，把刀具和工件从工作位置退出，并清理好工作场地，将零件、工夹具等摆放整齐，保持好机械设备的清洁卫生。

（2）电气事故预防要点。

触电事故是指操作人员身体接触高压或低压带电设备或导线，引起的触电伤害事故。电工（高、低压）作业、电焊作业都是特种作业。国家规定特种作业人员都必须经过安全知识、操作技能培训，考试合格取得"特种作业操作证"持证上岗。因为没有相应的技术，是不可能做到安全操作的。一不小心或是疏忽大意、违章操作，就会带来生命危险。而触电事故，重者死亡，轻者致残，后果非常严重。所以，对于电气事故，也需要我们时时防范。

1996年9月7日上午，某厂动力车间变电班，在对三分厂2号分变电所进行小修定保时，拉下10千伏高压负荷开关，听到变压器的声响停止，以为已经断电，作业者爬上高压侧准备清扫母排，当即被电击倒在三根高压铝排上丧命。

1997年9月17日上午，某厂降压站值班人员反映1号主变黄相电流互感器油位不到位，主管工程师便到110千伏降压站，把111护栏的门锁（未锁）拿下来进去察看黄相电流互感器的油位。瞬间一声响，高压击穿，其胸部、上肢、下肢60%被电弧Ⅱ、Ⅲ度烧伤致残。电站主管工程师未办任何手续，也未经值班负责人同意，在无人监护下只身进入护栏内察看油标，超越了安全距离而导致放电烧伤实不应该。

从以上案例可以看出，触电事故极有可能危及作业者的生命，因此，预防为主是人命关天的大事。防范电气事故主要做到以下几个方面：

①电气操作属特种作业，操作人员必须经培训合格，持证上岗。

②车间内的电气设备不得随便乱动。如果电气设备出了故障，应请电工修理，不得擅自修理，更不得带故障运行。

③经常接触和使用的配电箱、配电板、闸刀开关、按钮开关、插座、插销以及导线等，必须保持完好、安全，不得有破损或带电部分裸露现象。

④在操作闸刀开关、磁力开关时，必须将盖盖好。

⑤电气设备的外壳应按有关安全规程进行防护性接地或接零。

⑥使用手电钻、电砂轮等手用电动工具时，必须：a. 安设漏电保安器，同时工具的金属外壳应防护接地或接零；b. 若使用单相手用电动工具时，其导线、插销、插座应符合单相三眼的要求；使用三相的手动电动工具，其导线、插销、插座应符合三相四眼的要求；c. 操作时应戴好绝缘手套和站在绝缘板上；d. 不得将工件等重物压在导线上，以防止轧断导线发生触电。

⑦使用的行灯要有良好的绝缘手柄和金属护罩。

⑧在进行电气作业时，要严格遵守安全操作规程，遇到不清楚或不懂的事情，切不可不懂装懂，盲目乱动。

⑨一般禁止使用临时线。必须使用时，应经过机动部门或安技部门批准，并采取安全防范措施，要按规定时间拆除。

⑩移动某些非固定安装的电气设备，如电风扇、照明灯、电焊机等，必须先切断电源。

⑪在雷雨天，不可靠近高压电杆、铁塔、避雷针的接地导线20米以内，以免发生跨步电压触电。

第五章
预防生产事故，事故是生命最大的敌人

⑫发生电气火灾时，应立即切断电源，用黄沙、二氧化碳、四氯化碳等灭火器材灭火，切不可用水或泡沫灭火器灭火。

⑬打扫卫生、擦拭设备时，严禁用水冲洗或用湿布擦拭电气设备，以防发生短路和触电事故。

⑭建筑行业用电，必须遵守《施工现场临时用电的安全技术规程》。

对已造成触电事故的人员实施科学的救护，是降低事故伤害程度的关键。一旦发生电气伤害事故，必须沉着应对，采取正确的方法进行施救。

对于低压触电事故，可采用以下方法使触电者脱离电源：如果触电地点附近有电源开关或电源插销，可立即拉开开关或拔出插销，断开电源，如果触电地点附近没有电源开关或电源插销，可用有绝缘柄的电工钳或有干燥木柄的斧头切断电线，断开电源，或用干木板等绝缘物插到触电者身下，以隔断电流。当电线搭落在触电者身上或被压在身下时，可用干燥的衣服、手套、绳索、木板、木棒等绝缘物作为工具，拉开触电者或拉开电线，使触电者脱离电源；如果触电者的衣服是干燥的，电线也没有紧缠在身上，可以用一只手抓住他的衣服，拉离电源。但因触电者的身体是带电的，其鞋的绝缘也可能遭到破坏。救护人不得接触触电者的皮肤，也不能抓他的鞋。

对于高压触电事故，应立即通知有关部门断电，带上绝缘手套，穿上绝缘靴，用相应电压等级的绝缘工具按顺序拉开开关，抛掷金属线使线路短路接地，迫使保护装置动作，断开电源。注意抛掷金属线之前，先将金属线的一端可靠接地，然后抛掷另一端，注意抛掷的一端不可触及触电者和其他人。

如果触电者伤势不重、神志清醒，应使触电者安静休息，不要走动，然后严密观察并请医生前来诊治或送往医院。如果触电者伤势较重，已失去知觉，但还有心脏跳动和呼吸，应使触电者舒适、安静地平卧，周围不困人，使空气流通，解开他的衣服以利呼吸，速请医生诊治或送往医院。如果触电者伤势严重，呼吸停止或心脏跳动停止，或二者都已停止，应立即施行人工呼吸和胸外心脏按压，并速请医生诊治或送往医院。

（3）物体打击事故预防要点。

物体打击伤害往往表现为飞出或弹出的物体，如工具、工件、零件等对人员造成的伤害。物体打击往往伤害重，而且直接，极易造成人员的伤亡，故而要小心防范。

2002年8月24日上午，在上海某建筑公司总包、某建筑有限公司分包的某高层工地，分包单位外墙粉刷班为图操作方便，经班长同意后，拆除机房东侧外脚手架顶排朝下第四步围档密目网，搭设了操作小平台。在10时50分左右，粉刷工张某在取用粉刷材料时，觉得小平台上料口空档过大，就拿来一块180×20×5公分的木板，准备放置在小平台空档上。在放置时，因木板后段绑着一根20#铁丝，钩住了脚手架密目网，张某想用力甩掉铁丝的钩扎，不料用力太大而失手，木板从100米高度坠落，正好击中运送建筑垃圾至工地东北角建筑垃圾堆场途中的普工杨某脑部。事故发生后，现场人员立即将杨某送往医院抢救，终因杨某伤势过重，经医院全力救治无效于8月29日7时30分死亡。

物体打击事故的后果是相当严重的。所以现场作业一定要高度警惕此类事故的发生。预防物体打击事故，可从以下几方面入手：

①牢固树立不伤害他人和自我保护的安全意识。

②高处作业时，禁止乱扔物料，清理楼内的物料应设溜槽或使用垃圾桶。手持工具和零星物料应随手放在工具袋内，安装更换玻璃要有防止玻璃坠落措施，严禁乱扔碎玻璃。

③吊运大件要使用有防止脱钩装置的钓钩和卡环，吊运小件要使用吊笼或吊斗，吊运长件要绑牢。

第五章
预防生产事故，事故是生命最大的敌人

④高处作业时，对斜道、过桥、跳板要明确有人负责维修、清理，不得存放杂物。

⑤严禁操作带病设备。

⑥排除设备故障或清理卡料前，必须停机。

⑦放炮作业前，人员要隐蔽在安全可靠处，无关人员严禁进入作业区。

（4）起重事故预防要点。

起重作业属于特殊作业，因其对技术要求较高、危险性较大、容易发生事故，所以，对于起重作业，一定要严守安全操作规范，消除马虎大意的思想，认真仔细，才能避免事故的发生。不然，就会发生重大伤害。这样的教训比比皆是。

2001年7月17日早7时，施工人员按张海平的布置，通过陆侧（远离黄浦江一侧）和江侧（靠近黄浦江一侧）卷扬机先后调整刚性腿的两对内、外两侧缆风绳，现场测量员通过经纬仪监测刚性腿顶部的基准靶标志，并通过对讲机指挥两侧卷扬机操作工进行放缆作业（据陈述，调整时，控制靶位标志内外允许摆动20mm）。放缆时，先放松陆侧内缆风绳，当刚性腿出现外偏时，通过调松陆侧外缆风绳减小外侧拉力进行修偏，直至恢复至原状态。通过10余次放松及调整后，陆侧内缆风绳处于完全松弛状态。此后，又使用相同方法，和相近的次数，将江侧内缆风绳放松调整为完全松弛状态，约7时55分，当地面人员正要通知上面工作人员推移江侧内缆风绳时，测量员发现基准标志逐渐外移，并移出经纬仪观察范围，同时还有现场人员也发现刚性腿不断地在向外侧倾斜，直到刚性腿倾覆，主梁被拉动横向平移并坠落，另一端的塔架也随之倾倒，导致特大安全事故发生，造成36人死亡，3人受伤，直接经济损失8000多万元。

生命只有一次 且行且珍惜
Shengming zhiyou yici qie xing qie zhenxi

　　起重作业属于特殊行业，危险性较高，更需要作业时做到细、实、严。只要细心检查，用心排查，事故是可以避免的。预防起重机伤害事故，要做到以下几点：

　　①起重作业人员须经有资格的培训单位培训并考试合格，才能持证上岗。

　　②起重作业人员在操作前应检查起重机械的安全装置，如起重量限制器、行程限制器、过卷扬限制器、电气防护性接零装置、端部止挡、缓冲器、联锁装置、夹轨钳、信号装置等是否齐全可靠，否则不准进行操作。

　　③平时应严格检验和修理起重机机件，如钢丝绳、链条、吊钩、吊环和滚筒等，发现报废的应立即更换。

　　④建立健全维护保养、定期检验、交接班制度和安全操作规程。

　　⑤起重机运行时，任何人不准上下；也不能在运行中检修；上下吊车要走专用梯子。

　　⑥起重机的悬臂能够伸到的区域不得站人；电磁起重机的工作范围内不得有人。

　　⑦吊运物品时，吊物不得从人头上过；吊物上不准站人；不能对吊挂着的东西进行加工。

　　⑧起吊的东西不能在空中长时间停留，特殊情况下应采取安全保护措施。

　　⑨起重机驾驶人员接班时，应对制动器、吊钩、钢丝绳和安全装置进行检查，发现性能不正常时，应在操作前将故障排除。

　　⑩开车前必须先打铃或报警，操作中接近人时，也应给予持续铃声或报警。按指挥信号操作，对紧急停车信号，不论任何人发出，都应立即执行。

　　⑪确认起重机上无人后，才能闭合主电源进行操作。

　　⑫工作中突然断电时，应将所有控制器手柄扳回零位；重新工作前，应检查起重机是否工作正常。

第五章
预防生产事故，事故是生命最大的敌人

⑬在轨道上露天作业的起重机，当工作结束时，应将起重机锚定住；当风力大于6级时，一般应停止工作，并将起重机锚定住；对于门座起重机等在沿海工作的起重机，当风力大于7级时，应停止工作，并将起重机锚定好。

⑭当司机维护保养时，应切断主电源，并挂上标志牌或加锁。如有未消除的故障，应通知接班的司棚。

（5）高处坠落事故预防要点。

高处坠落事故是指在高处作业中发生坠落造成的伤亡事故。高处作业指在坠落基准面2米以上的高处进行的作业。高处作业如果不做好防护，不遵章守纪，不严格按照操作规程操作，就会发生事故。

重庆江津市某桥梁工程在拆除引桥支架施工过程中，木工杨某被安排上支架拆除万能杆件，杨某在用割枪割断连接弦杆的钢筋后，就用左手往下推被割断的一根弦杆（弦杆长1.7米，重80千克），弦杆在下落的过程中，其上端的焊刺将杨某的左手套挂住（帆布手套），杨某被下坠的弦杆拉扯着从18米的高处坠落，头部着地，当即死亡。

在江苏某建筑工程工地上，在降低塔吊高度时，因塔吊平衡臂突然断裂，造成塔吊上施工的2名工人高处坠落，当场死亡，8人不同程度受伤，其中1人抢救无效死亡。全班组的生产能力大受影响。从事故现场发现，这10名工人在作业时，无一人佩戴安全帽和系安全带。

在深圳市宝安区福永街道在建的商品楼盘凤凰花苑工地上，也发生了塔吊坍塌高坠事故，造成5人死亡，1人重伤。

高处坠落，非死即伤，而且大多会造成重伤，导致残疾。所以，班组高处作业时一定要做好防护工作，系好安全带、戴好安全帽，谨防坠落事故发生。预防高处坠落事故要注意以下几点：

①熟悉高处作业的作业方法，掌握技术知识，执行安全操作规程。

作业时要指定专人进行现场监护。

②禁止患有高血压、心脏病、癫痫病等禁忌病症的人员和孕妇从事高处作业。

③高处作业时要系好安全带，戴好安全帽，不准穿硬底鞋，以防滑倒导致坠落事故。

④作业前要检查护栏、架板是否牢固，有洞口的地方要盖好，在较危险的部位应在下方装设平网。

⑤做好楼梯口、电梯口、预留洞口和出入口的"四口"防护。

⑥在建筑施工中做好"五临边"的防护工作，"五临边"是指尚未安装栏杆的阳台周边，无外架防护的屋面周边，框架工程楼层周边，上下跑道、斜道的两侧边，卸料平台的外侧边等。

⑦在恶劣天气中（指六级以上强风、大雨、大雪、大雾），禁止从事露天高处作业。

（6）加强危险品管理，避免爆炸事故。

爆炸一般分为化学性和物理性爆炸两种类型。前者主要包括炸药、火药、可燃气体、蒸汽或粉尘等爆炸，后者主要包括锅炉、压力容器、钢铁水爆炸等。这是因为我们在生产中各种原因导致危险品的不稳定，产生爆炸。

工业爆炸事故危害性大，人员伤亡和经济损失重大，造成的社会影响比较大。因为爆炸事故往往不仅单纯地破坏工厂设施、设备或造成人员伤亡，还会由于各种原因，进一步引发火灾等。一般后者的损失是前者的10~30倍；化学工业的爆炸事故最多，而且爆炸后引发火灾事故所占的比例也最高；在很多情况下，爆炸事故发生的时间都很短，所以几乎没有初期控制和疏散人员的机会，因而伤亡较多。

2011年11月1日11时30分许，两辆装载72吨炸药的货车，在贵州省黔南州福泉市马场坪收费站附近一汽修厂检修时，发生爆炸。截至当晚10时许，事故已经造成8人死亡，

第五章
预防生产事故，事故是生命最大的敌人

约300人不同程度受伤。据现场抢险救援指挥部介绍，受爆炸冲击波影响，周边部分房屋玻璃被震碎，房屋受损。经初步调查，两辆汽车上共装有炸药72吨左右。

爆炸波及周围三公里的范围。"我们离爆炸现场只有200多米；当时一声巨响，远处一辆大车燃了起来，十多秒后，又是一声巨响！转眼间，附近收费站的亭子就飞了出去，一排等待加油的车辆只剩下框架。"回想起爆炸发生那一刻，一位目击者依然心有余悸。马场坪当地群众形容说，爆炸发生后，天空中冒起了黑色的蘑菇云，笼罩住整个镇子。方圆三公里左右的范围内，各家各户的玻璃窗几乎都被殃及。附近房屋就像经过一场地震，部分房屋甚至出现楼板垮塌的情况，收费站的公厕洗手盆、便池全被"震碎"。收费站旁约300米处的一个修理厂多出两个10多米的深坑。

通过上例，可见爆炸事故是相当可怕的。爆炸事故发生的时间往往很短，使得发生爆炸前几乎没有逃离和疏散的机会，因而容易造成较严重的伤亡事故。因此，对容易发生爆炸事故的场所进行重点监控并采取预防措施，是预防爆炸事故的重要手段。特别是对于危险品，一定要严加管理。因为危险品一旦爆炸，后果是难以想象的。防范爆炸事故要注意以下几点：

①采取监测措施，当发现空气中的可燃气体、蒸汽或粉尘浓度达到危险值时，就应采取适当的安全防护措施。

②在有火灾、爆炸危险的车间内，应尽量避免焊接作业，进行焊接作业的地点必须要和易燃易爆的生产设备保持一定的安全距离。

③如需对生产、盛装易燃物料的设备和管道进行动火作业时，应严格执行隔绝、置换、清洗、动火分析等有关规定，确保动火作业的安全。

④在有火灾、爆炸危险的场合，汽车、拖拉机的排气管上要安火星熄灭器。

⑤搬运盛有可燃气体或易燃液体的容器、气瓶时,要轻拿轻放,严禁抛掷,防止相互撞击。

⑥进入易燃易爆车间应穿防静电的工作服,不准穿带钉子的鞋。

⑦对于物质本身具有自燃能力的油脂,遇空气能自燃的物质以及遇水能燃烧爆炸的物质,应采取隔绝空气、防水、防潮或采取通风、散热、降温等措施,以防止物质自燃和爆炸。

⑧不能混合存放相互接触会引起爆炸的物质;遇酸、碱有可能发生分解爆炸的物质应避免与酸、碱接触,对机械作用较为敏感的物质要轻拿轻放。

⑨防止生产过程中易燃易爆物的跑、冒、滴、漏,以防扩散到空间而引起火灾爆炸事故。

⑩锅炉操作人员必须经过有资格的培训单位培训并考试合格,取得操作证以后方可进行操作。

⑪锅炉、压力容器在使用前应检查安全阀、压力表、液位计等安全装置是否完好,否则不准使用;严禁超温超压运行。

⑫废旧金属在进入冶炼炉以前必须经过检查,清除里面可能混进的爆炸物。

⑬经常保持金属冶炼、浇注场地干燥,不能有积水,以防高温金属液泄漏遇水发生爆炸。

(7)矿山作业安全事故预防要点。

矿山安全一直是安全生产的重要战场,许多重大、特大的事故都发生在矿山,因而矿山安全对于安全生产有着重要意义。

矿山事故主要是爆炸、坍塌和冒顶、透水、突出等事故。坍塌事故指物体在外力和重力的作用下,超过自身的极限强度的破坏成因,结构稳定失衡塌落而造成物体高处坠落、物体打击、挤压伤害及窒息等事故。这类事故因塌落物自重大、作用范围大,往往伤害人员多、后果严重,常造成重大或特大人身伤亡事故。

第五章

预防生产事故，事故是生命最大的敌人

2010年11月20日，位于丹寨县龙泉镇境内的心合煤矿发生煤矿坍塌事故。当时4名矿工正在井下作业，突然井内出现塌方，将4名矿工掩埋。在事发当天17时20分，一名被困矿工被救出，到23时20分，救援人员又发现了一名被困人员，但将其身上的煤渣刨开时，发现他已经停止了呼吸。救援工作持续至11月17日23时15分才宣告结束。4名被困矿工，仅1人生还。

2011年7月2日12时30分，广西来宾合山煤业公司八矿樟村井因近日连降暴雨，发生采空区垮冒溃浆事故，导致矿井上方地面近7000立方米泥土出现塌方，并压在300多米深处的井下。当时22人被困井下。7月10日9时，经过全力抢救，两名矿工在黑暗的矿井下经历188小时后奇迹生还。但仍有11名矿工遇难。

矿山坍塌事故是矿山人员伤亡的重大源头，因而要提早预防，杜绝事故发生，避免人员伤亡。

①挖土方时，发现边坡附近土体出现裂纹、掉土及塌方险情时，应立即停止作业，下方人员要迅速撤离危险地段，查明原因后，再决定是否继续作业。

②加强对脚手架的日常检查维护，重点检查架体基础变化，各种支撑及结构联结的受力情况。

③当脚手架的前部基础沉陷或施工需要掏空时，应根据具体情况采取加固措施。

④当隐患危及架体稳定时，应立即停止使用，并制定针对性措施，限期加固处理。

⑤在支搭与拆除作业过程中要严格按规定和工作顺序进行。

2010年12月18日晚，窑街煤电集团公司金河煤矿发生冒

生命只有一次 且行且珍惜

顶事故。据介绍，18日23时56分，金河煤矿掘进四队进行扩掘时，顶板冒落，当班共有10名工人，冒落区域作业人员8人被埋，终致5死8伤。

2011年4月2日13时08分，新疆焦煤集团主焦煤分公司主斜井延伸项目掘进头发生冒顶事故，造成10人被困。据了解，该煤矿位于乌鲁木齐市艾维尔沟矿区，距乌鲁木齐市130公里。截至4月4日20时25分，确认井下10人全部遇难。

冒顶事故是井下矿山生产中发生的顶板冒落的事故，是对矿工人身安全健康威胁最大的灾害之一。据统计，在全国矿山每年因工死亡人数中，有40%是死于冒顶片帮事故，因此，加强对冒顶事故的预防具有十分重要的意义。防范冒顶事故的发生主要从以下几方面入手：

①识别冒顶事故发生前的征兆，并采取相应的防范措施，是预防冒顶事故的重要方法。冒顶前的征兆主要有：

一是注意回采工作面冒顶前的征兆：

a. 顶板连续发生断裂声，采空区内顶板发出闷雷声。

b. 顶板掉渣增多，裂缝增加，裂缝口变大。顶板下沉量明显增大。

c. 电钻打眼变得省力，这是因为冒顶前顶板压力增加，煤壁受压，片帮增多，煤壁被压疏，因而导致机械设备工作时负荷减小。

d. 工作面的木支架发生折断，可听到支架折断的声音，如底板岩性松软或分层开采支柱在煤层上，则支柱的下缩量增加。

e. 瓦斯涌出量或淋水量增加。

二是局部冒顶前的征兆：

a. 顶板岩石已有裂缝和缺口，其中小矸石稍受震动就掉落或有掉渣现象。

b. 支架受力大，发出声响，金属支架活柱下降。

c. 支架棚在支柱上错偏，棚梁上有声响，煤壁大片脱落片帮。

②发现征兆后，要有针对性地对回采工作面的冒顶事故进行重点预防，主要措施包括以下方面：

第五章 预防生产事故，事故是生命最大的敌人

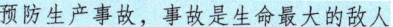

a. 应根据顶板岩石性质及岩石移动规律，选择正确的支架形式。

b. 当矿层倾角不大，顶板破碎而且压力较大时，宜采用横板棚子。当煤层倾角较大时，宜采用顺板棚子。

c. 回采工作面必须平整，不得留有伞檐和松动煤块。

d. 工作面和支架以及溜子都要尽量保持直线，而且必须及时支架。

e. 在打眼、放炮、割煤、移溜子等作业中碰到活损坏的支架必须及时修复，移溜子头时拆除支架的地点，必须及时加设临时点柱。

f. 支架要架设牢固，禁止在浮煤上架设。

（8）生产中中毒窒息事故预防要点。

当人体在有窒息性气体环境中时，窒息性气体导致人体呼吸系统终止呼吸而造成的伤亡事故就是中毒窒息事故。对于有限空间作业、非煤矿山、地下管道及其他特殊作业的班组而言，中毒窒息事故将是防范的重点。因为一不小心就会发生伤亡甚至是重大伤亡事故。

2005年7月11日，济南市信泰德装饰有限公司的两名工人，在车站街为济南铁路会议中心清理下水道时，先后在3米深的污水沟里窒息死亡。

2005年7月22日，济南市长清区某施工队职工在清理长城炼油厂的污水池时，两人在污水池内中毒窒息死亡。

2009年3月1日12时50分，内蒙古自治区阿拉善盟中盐吉兰泰氯碱化工有限公司电石项目部发生一氧化碳中毒事故，导致进行施工作业的青海东胜化工有限公司3名施工人员遇难，还造成其他6人中毒。

2011年4月27日11时左右，白银有色金属公司厂坝铅锌矿护矿队在巡查矿区时，3名职工进入一废弃矿硐查看，但久久没有升井。矿方在接到矿硐口留守监护人员的报告后，先后组织两批11人入矿硐搜寻营救。至当日16时许，有5人先后成功升井。经全力抢险，23时许，有1人被救出。至此，该

事故共造成6名职工不同程度中毒,8名职工遇难。

　　预防中毒窒息事故应根据环境中可能存在的窒息性气体的种类采取相应的预防措施。不同的毒理环境对事故的预防方法也不相同,要区别对待,掌握本岗位及车间环境毒品的特性,有针对性地做好预防。

①一氧化碳中毒事故的预防方法:

a. 冬天屋内生煤炉取暖必须使用烟囱,使"煤气"能够顺利排到室外。

b. 在产生一氧化碳的场所应经常测定空气中的一氧化碳浓度或设立一氧化碳警报器和红外线一氧化碳自动记录仪,监测一氧化碳浓度变化。

c. 进行煤气生产时应定期检修煤气发生炉和管道及煤气水封设备,防止一氧化碳泄漏。

d. 生产场所应加强自然通风,产生一氧化碳的生产过程要加强密闭通风;矿井放炮后必须通风20分钟以后,方可进入生产现场。

e. 进入一氧化碳浓度大的场所工作时,必须戴防毒面具;操作后,应立即离开,并适当休息;作业时最好多人同时工作,便于发生意外时自救、互救。

②氮氧化物中毒事故的预防:

a. 酸洗设备及硝化反应锅应尽可能密闭和加强通风排毒。

b. 定期维修设备,防止毒气泄漏。

c. 加强个体防护,进入氮氧化物浓度较高的场所工作时应戴防毒面具。

③氯中毒事故的预防措施:

a. 严守安全操作规程,防止跑、冒、滴、漏,保持管道负压。

b. 排放含氯废气前须经石灰净化处理。

c. 检修或现场抢救时必须戴防护面具。

④氢氰酸中毒事故的预防措施:

a. 加强密闭通风。

第五章
预防生产事故，事故是生命最大的敌人

b. 严格遵守安全操作规程。如氰化物的保管、使用和运输应有专人负责；建立严格的专用制度；用氰化物熏仓库时要防止门窗漏气，并须经充分通风方可进入。

c. 加强个体防护。应配备防护服、手套、防毒口罩（活性炭滤料）或供氧式防毒面具；车间应配备洗手、更衣设备及急救药品。

d. 操作工人在就业前应进行体检，上岗后还应定期体检。

⑤硫化氢中毒事故的预防要点：

a. 改进工艺，减少硫化物的用量。

b. 加强密闭、通风，经常测定车间硫化氢的浓度。

c. 排放硫化氢以前应采取净化措施。

d. 加强个体防护。进入有硫化氢中毒危险的场所时，应先对环境毒情进行检测，并采取通风置换、戴防毒面具等措施。进入井、坑作业，应带好和拴牢安全带，佩戴氧气呼吸器面具，使用信号联系，并有专人监护。

e. 在有硫化氢的生产中，要按工艺严细操作，防止失控。

f. 有神经、呼吸系统疾患，眼睛等器官有明显疾患者，不应从事硫化氢的作业。

事故是可以预防的，只要员工小心谨慎，不放过任何一个隐患，不进行一次违章操作，把安全时时放在心上，掌握好事故预防的要点，就一定可以把事故消灭在发生之前。

第六章
保障日常安全，生命需要全天候守护

生命是最易碎的珍宝，而威胁生命的危险却无处不在，无时不在，意外更是天天都有。所以，保护生命的安全，也需要无所不防，无时不防才行。不管是在工作中还是生活上，上班时还是下班后，都需要我们全面树立起生命安全的意识，提高警惕，处处防范，全天候保障安全，才能真正获得安全。

生命只有一次 且行且珍惜
Shengming zhiyou yici qie xing qie zhenxi

危险不分上下班，随时随地要小心

要保证生命的安全，仅仅上班时注重安全，是远远不够的，因为危险无处不在，而生命极为脆弱。与其说"有人的地方就有江湖"，不如说"有人的地方就有危险"更为恰当。因为危险永远跟在人的身后，如魂随身，如影随形。绝不仅仅只是上班的八小时才有危险，也不仅仅是我们身处危险之中时才有危险。上班、走路、见客、聊天，或是天灾、人祸、早有预谋或是忽然而至，都会危险重重，防不胜防。如果仅仅认为只有上班时间需要强调安全，需要警惕安全，需要保护自己，需要牢记"生命第一"，那就大错而错了。因为很多危险恰恰是在我们最轻松悠闲地休闲时甚至是在最安全的家中发生的。

一名在家休假的电工，酒后驾驶摩托车连夜赶往县城，中途连人带车猛撞到路边的一棵大树上，当即身亡。

一位在饭店与朋友聚会的主持人，在打电话时不慎落入饭店的电梯井，不幸身亡。

一位妈妈用钢丝球洗过和面的盆后做了油条给儿子吃，谁知儿子竟然被残留的一段小小的钢丝划破了肠胃，造成腹腔大出血，差一点儿就没命了。

一位年轻的研究生戴着隐形眼镜去参加一个野外烤肉活动，眼睛竟因此失明。原因是塑料制成的隐形眼镜在烧烤时遇

第六章
保障日常安全，生命需要全天候守护

高热熔化了，高温烫伤视网膜造成彻底失明。

2014年11月6日晚，北京地铁5号线惠新西街南口站，一位刚刚下班坐地铁回家的女子，因地铁太挤，被夹在安全门和地铁门中间，随着列车的开动，年轻的生命香消玉殒。

……

这些都是发生在下班以后的时间内，可见危险不分上下班，随时随地都要小心注意才行。

如果不注意安全，生命就会受到威胁。据国外专家统计，全球范围内，每年约有1000万人死于意外伤害事故。在很多经济发达国家，生活意外伤害事故已经成为人类非正常死亡的第一死因。在我国，每年的意外伤害导致生命消失的数字也相当的惊人，死因顺序是自杀、交通事故、溺水、跌落、中毒、他杀、烧烫伤和医源性伤害。每年仅自杀的人就高达28万，每年触电死亡约8000人，这些都是意外死亡，都是在下班之后发生的事故和伤亡。

据国家最权威的数据显示，我国每年有70万人死于各种意外伤害事故，还有不少于2000万人因伤害需要急诊和住院治疗。国家安监局的数据表明，我国每年因为安全生产事故导致的死亡人数在10万人左右，两相对比，结果是相当惊人的，按最保守的数据，日常生活中的意外伤害死亡的人数也超过安全生产事故中的死亡人数7倍！这个数据有力地说明了要珍爱生命，下班之后的安全、日常生活中的安全比工作中的安全更重要！

然而，在很多员工的心里，总是认为讲安全、保安全、抓安全，都是上班之后的事，是工作时间里的事，认为只要保证岗位安全，保证生产安全，保证不出安全生产事故，就把安全工作做好了，安全就没有问题了，生命就有了保障。殊不知，上班只是我们生活的1/3，很多的安全事故都发生在下班之后，发生在8小时之外，都在我们居家休息或消闲娱乐的时候。所以，保护生命，保障安全，千万不要讲什么上班和下班，千万不能放松一分一秒，安全从来就没有上下班之分，生命的安全需要全天候地守卫,才能真正得到保障。只有每一分每一秒都把"生命第一"放到至高无上的位置上,才能真正保得生命的平安。

2 保障居家安全,警惕生活中的意外

家对于每一个人来说,都是自己的"安乐窝",是心灵温馨的港湾,也是我们在这个社会上能够找到的最安全的地方。然而就是这个最安全的场所,却潜伏着各种各样的危险,稍不留神就会突发各种意外,伤害我们的生命。可见,居家生活也不是可以高枕无忧的,也需要时刻警惕,随时小心才行。

居家安全,第一要守紧家门,随时警惕家的这一道最关键的"防线"。如果没有"守门"意识,轻易打开大门,危险就在所难免了。

家里电闸莫名其妙"跳"掉三次,吴女士只得一次次出门开电闸。谁知第三次开门时,一陌生男子突然闯入家中实施抢劫。原来这是有预谋的,电闸跳闸是为实施抢劫而弄的障眼法……

劫犯曾两次坐牢,刚出狱不久。由于没工作,经济拮据,他又产生了抢劫恶念。这天正好听到吴某给朋友打电话时说到自己刚领取了3000多元的工资,于是,他决定抢劫对方。

韩某一路尾随吴某来到门口,观察了房门号后,他拉下了电闸,打算趁对方出来开电闸时下手。果然,吴某以为跳闸

第六章
保障日常安全，生命需要全天候守护

了，便出来开电闸，但她一直在通电话。韩某怕通电话的人听到动静，没敢下手，只好第二次关电闸。没想到吴某再次出来时，"电话粥"还没煲完，他仍不敢下手。第三次关电闸时，韩某豁出去了，直接站在吴某房门口，门一打开就冲了进去，吴某吓得大叫，韩某立刻拔出水果刀威胁："不许叫，再叫我就捅人了。"吴某只好连连央求韩某别伤害她，任凭他把所有的财物打劫一空。

可见，没能守住房门，大意麻痹，没有认真核对是否真是电闸坏了就贸然开门，正是"引狼入室"的原因。所以，不要不管不问即打开大门，特别是家中出现一些异常情况时，更应当小心判断之后再做决定。

当遇到停电、网络中断等情况时，我们的第一反应不应该是立刻开门查看，而是首先给邻居打电话进行询问，看是否是普遍现象，如果只有自己一家停电而我们又确信自己没有拖欠电费，那么事情就有可能不那么简单。最好的做法是寻求供电局人员的帮助，或是向家人求助，千万不可轻易开门查看，犯罪分子有可能就在等待这一刻。

至于有人敲门来访，更应当提高警惕，小心查问，而不是随便什么人都敞开大门迎接。是客人我们应当热情接待，是歹徒我们就该小心防范。不管是什么人，都往屋里请，那吃亏的肯定是自己。

某市居民耿某和爱人上班去了，家里只有刚从老家来的母亲在家，这时候有人敲门，并自己介绍说："我是您儿子的老同学，多年没见面了，这次从石家庄来出差，顺便来看看他。"老太太一听是儿子的同学，就很热情地将对方请进了门，并且拿出儿子的好烟好酒招待他，糊涂的老太太甚至不知道给儿子打个电话问问清楚。酒足饭饱之后，来人露出了真面目，用刀子威逼着老太太不许乱喊乱动，将家里值钱的东西，如首饰之类都抢走了。临走前还对老太太说："感谢你的热情

生命只有一次 且行且珍惜

招待！"老太太有苦难言，罪犯走了她也不知道打电话报警，直到傍晚时分儿子下班回来后才哆哆嗦嗦地将情况告诉了儿子。

•••••

幸运的是，胆小的老太太见到歹徒要抢劫时没有反抗，生命无虞，要是老太太见到如此恩将仇报的恶人"怒从心中起"，直接与他搏斗，后果如何，就难以想象了。

热情对人，没有错，但这份热情要针对正确的人。是朋友，是亲邻，我们当然要热情，对陌生人，对歹徒，我们当然要多一个心眼儿，才能更好地保护自己。所以，有人敲门时，千万不可随便开门。先观察后询问，若是陌生人，坚决不开门。若是修理工上门，要确认是否事先约定，检查来者证件并仔细询问，确认无误后方可开门。家中需要修理服务时，最好有家人、朋友在家陪伴或告知邻居。若有人以同事、朋友或远方亲戚的身份要求开门，不能轻信。若有上门推销者，可婉拒，切勿贪小便宜。一定不要因来者为女性而减少戒心。

同时不可过分相信"猫眼"。"猫眼"的视角实际上很小，可视范围极为有限，倘若犯罪分子藏在我们"猫眼"的视觉死角里，那么此时如果我们盲目开门，很可能就将面临无法想象的危险。为保安全，可以在门上安装挂锁，并在开门时要确保挂锁位于锁死的状态，先开一条门缝观察情况，是熟人才能开门，若物业或政府职能部门的上门走访，要让他们把证件从门缝中伸进来，并且应该按照证件号电话询问相关部门，这样就能够确保安全。

同时，在家时应锁好防盗门，保证安全，不可开着门睡觉或是忘记关门，这是非常危险的。回家时遇到陌生人在门口纠缠并坚持要进入室内时，可打电话报警，或者到阳台、窗口高声呼喊，向邻居、行人求援。夜间返家时应注意到家之前就准备钥匙，不要在门口寻找，打开房门后迅速进屋，并随时注意是否有人跟踪或藏匿在住处附近死角。若送朋友回家，等朋友平安进入再离开，尽量乘电梯不走楼梯，若发现可疑现象，切勿进屋，并立刻报警。日常外出做到随身带钥匙、出门即锁

第六章
保障日常安全，生命需要全天候守护
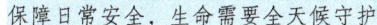

门。遗失钥匙时应尽快通知家人，并视情况配换新锁。

第二，要谨防家中"电老虎"伤人。

电在现在家庭中是不可或缺的重要能源，但电也是伤害生命的恶魔杀手，一不小心，就会被这个恶毒的"电老虎"所伤，所以居家用电，务必要懂得安全用电常识，警惕危险，才能保得安全。家庭用电安全知识包括以下几方面，是每一个人都要掌握的：

（1）入户电源线避免过负荷使用，破旧老化的电源线应及时更换，以免发生意外。

（2）入户电源总保险与分户保险应配置合理，不要图方便使用负荷过大的保险系统（例如用铜丝替代保险丝），使之能起到对家用电器的保护作用。

（3）接临时电源要用合格的电源线、电源插头、插座要安全可靠，损坏的不能使用，电源线接头要用胶布等绝缘体包好。

（4）电源线路之间要保证安全距离，尽量不要将多个电源线捆绑在一起，避免产生电弧发生危险。

（5）当电源插座长度不够时，切不可用插线板接插线板，这样会造成较大的安全隐患，正确的做法应当更换电源线长度更长的接线板。

（6）线路接头应确保接触良好，连接可靠。在使用电器时，要确保电源插头插牢，在不用时要让电源插头远离插座。

（7）房间装修，隐藏在墙内的电源线要放在专用阻燃护套内，电源线的截面应满足负荷要求。

（8）使用电动工具，如电钻等，须戴绝缘手套。

（9）遇有家用电器着火，应先切断电源再救火。

（10）家用电器接线必须确保正确。有疑问时应询问专业人员，不可自己私自乱接。

（11）家庭用电应装设带有过电压保护的调试合格的漏电

保护器，以保证使用家用电器时的人身安全。

（12）家用电器在使用中，应有良好的外壳接地，室内要设有公用地线。

（13）湿手不能触摸带电的家用电器、不能用湿布擦拭使用中的家用电器，进行家用电器修理必须先停电源。

（14）家用电热设备、暖气设备一定要远离煤气罐。煤气管道发生煤气漏气时先开窗通风，千万不能拉合电源，并及时请专业人员修理。

（15）使用电熨斗、电烙铁等电热器件，必须远离其他电路或电源线，用完后应切断电源，拔下插销以防意外。

（16）发现家用电器损坏，应请经过培训的专业人员进行修理，自己不要拆卸，防止发生电击伤人。

（17）睡觉前或是离家前，要拔掉所有的插头，关闭所有的电源。

其实我们常接触的家用电器总的来说还是比较安全的，没必要对电产生太大的恐惧，但是依旧应当对它引起足够的重视，毕竟它一旦失去控制，带来的危害我们谁都承受不起。

第三，要注意煤气使用安全。

煤气灶，对于现代家庭更是一个必不可少的生活用具。但煤气使用不当，危险也不可小视。

一定要经常检查，切不能让煤气有泄漏发生，以免发生中毒事件和爆炸事故。我们平时使用时，如果闻到燃气的味道，要先打开门窗，再检查阀门、管线接头软管、灶具等处有无松动、渗漏、脱落等情况。检查管线阀门漏气时严禁用明火试漏，可以在检查处涂肥皂水看有无气泡。如果在夜里你突然闻到了很浓的燃气的味道，这时不能开关电灯，也不能打电话、打手电、划火柴、打手机、开打火机等，这是很危险的，有可能引起爆炸。要迅速打开门窗，找到泄漏点并采取措施关闭阀门，如果阀门坏了无法关闭，应通知邻居迅速离开，并关闭总阀门。

第六章
保障日常安全，生命需要全天候守护

使用时要注意下列事项：

要先点火后开燃气阀，让火等气，这样才安全。先开气不及时点火，容易造成放炮等事故。这实际是小型的爆炸；定时检查更换连接管线和灶具的软管，防止连接不牢、脱落、老化漏气；不能私自改动燃气线路管道，必须经燃气公司设计、施工；严禁家庭装修时为了美观而将燃气阀门封死；不准私自检查、修理管线阀门、煤气表等设施。厨房里严禁储存多个储气罐，液化气罐必须远离热源、电源；严禁用热水、电褥子等给液化气罐加温；严禁敲击碰撞液化气罐；严禁超装液化气，这非常危险；严禁将液化气罐在阳光下曝晒；严禁随处乱倒液化气残液。

使用燃气时，尤其是烧水煮粥时，不能离人，防止水沸溢出灭火漏气发生事故。养成使用完燃气后，随手关闭总阀的好习惯。出差离家时一定检查、关闭燃气阀门。

如果燃气管道口、液化气罐发生喷火，不要惊慌，这一般没有危险。要迅速关闭阀门，使火熄灭。如果阀门变形关闭不了，千万不能用湿毛巾将火捂灭，因为燃气会继续泄漏出来，和空气形成爆炸性气体，就更危险了。厨房最好配备干粉灭火器，以备不时之需。

如果已经发现燃气泄漏，这时记住千万不能点火、打电话、打手机，必须先打开门窗，让空气流通；关掉燃气表总阀及熄灭所有火种；若燃气炉具已全部关妥，仍觉察有燃气气味，请立即到室外无气味的地方致电燃气公司客户服务热线或抢修电话；切记：切勿触动任何电器开关（如开灯或关灯）；切勿使用室内的电话或无线电话；切勿使用火柴或打火机；切勿用明火测试漏气来源；切勿按邻居的门铃；切勿开启任何燃气炉，直至漏气情况得到完全控制；如果事态严重，应立即撤离现场，打119火警电话报警。

居家生活，只有越注意安全才能越安全，家也才能真正成为我们舒适、安心的港湾。除了注意电、煤气和门锁的安全外，还有厨房、阳台、卫生间及各处细微小节处的安全，也都是需要时刻提高警惕的。总之一句话，居家要安全，小心是第一。

3 小心食物中毒，吃得不对也会伤害生命

常言说得好，"民以食为天"，吃饭是每一个人生命活动中最大的大事，也是最平常、最普通、最必不可少的事情。"人是铁，饭是钢，一顿不吃饿得慌"，吃饭是天天、顿顿都要做的大事。特别是在家庭生活中，吃饭更是每一个家庭最重要的日常生活。生活是什么？不就是柴米油盐酱醋茶吗？生活其实很简单，就是生存下去，活下去，生活就是吃饱穿暖，就是口腹之欲，就是一日三餐。所以，吃是最大的事情。

但是，吃也是事关生命安全的大事，吃得不对，也会对生命造成伤害，特别是食物中毒，那更是夺命的恶魔，一不小心生命就会被吞噬。所以，吃很重要，吃得健康、安全，减少意外伤害，更加重要。

所谓食物中毒，通俗地理解就是吃进胃里的食物有毒，破坏了人体机能的现象。科学的解释，食物中毒是指由于吃了被细菌（如沙门氏菌、葡萄球菌、大肠杆菌、肉毒杆菌等）和其他毒素污染的食物，或是进食了含有毒性的化学物质，或是食物本身含有自然毒素（如河豚、发芽的土豆等），而引起的急性中毒性反应。食物中毒一旦发生，轻者腹泻呕吐，重者有可能导致死亡。所以不可掉以轻心。

食物中毒的主要症状有：剧烈的呕吐、腹泻，同时伴有中上腹部疼痛。食物中毒者常会因上吐下泻而出现脱水症状，如口干、眼窝下陷、皮肤弹性消失、肢体冰凉、脉搏细弱、血压降低等，最后可致休克甚至死亡。

第六章
保障日常安全，生命需要全天候守护

如果发现家人中出现上吐、下泻、腹痛等相关症状，先判断其原因，若是可能有食物中毒的倾向，应给病人补充水分，让病人大量喝水，有条件的适当地注射一些生理盐水。症状轻者让其卧床休息。

如果病人症状严重，或出现胃部不适，要多给病人喝温开水或稀释的盐水，然后手伸进咽部催吐。具体方法为：取食盐20克，加开水200毫升，冷却后一次喝下。如果无效，可多喝几次，迅速促使呕吐。亦可用鲜生姜100克，捣碎取汁用200毫升温水冲服。如果吃下去的是变质的食物，则可服用十滴水来促使迅速呕吐。

如果病人吃下食物时间长达2～3小时，但精神仍较好，中毒可能很轻，可服用泻药，促使受污染的食物尽快排出体外。

已经中毒了再采取措施，无疑迟了，所以食物中毒的关键在于预防。家庭预防食物中毒要做到：

（1）注意采购安全。在家庭购买食物的时候应注意购买新鲜的食物，主要包括：没有发生腐败变质和其他感官性状的异常变化，应在其保质期内，不要购买和食用来源不明的食品。特别是采购的熟食，一定要经过再加工后才食用，直接食用会增加食物中毒的危险。

不久前，江西省某村18名村民在同村村民家吃过酒席后，先后出现腹痛、腹泻、发热、恶心、呕吐等症状。后查明中毒者是吃了从村头购买的熟食驴肉所致，"罪魁祸首"则是一种被称为沙门氏菌的细菌。

细菌性食物中毒是食物中毒的首害，以发生在家庭或食堂中的集体中毒危害最为严重。腐败变质和病死畜禽肉内常有副伤寒杆菌、猪霍乱弧菌等沙门氏菌大量繁殖。吃了不良加工（如小摊上的廉价大块熟食、露天烧烤）食物，常会使大量病菌及病菌所产生的肠毒素侵入人体，引起中毒。患者可出现恶心、呕吐、头痛、全身乏力、发冷、腹泻、腹痛等症状，粪便可为黄绿色水样便，严重者会出现寒战、惊厥。

专家忠告腐败变质及病死禽畜肉一定不能吃。肉食要煮透；不要购买露天街边的未经检疫的生肉和熟食；不要吃小摊烧烤等。

(2) 重视烹调安全。食物必须炒熟煮熟，加热要彻底。对于生的食品，如家禽、肉类以及未经消毒的牛奶等，温度必须达到70℃以彻底加热杀灭病原体。注意炖鸡时，如果靠近鸡骨的部分还生的话，要放回炉上完全炖熟。特别是土豆、扁豆、鲜黄花菜、河豚等本身就带有毒性的食材，更要科学烹饪，才能祛除毒素，保证安全。否则就会发生事故。

某矿食堂的进餐者因食用夹生豆角而导致7名矿工中毒，在一家学校食堂，50多名学生因食用未经妥善处理的土豆导致中毒。土豆和扁豆是家庭食物中毒的常见元凶。

扁豆中含有皂素、红细胞凝集素等天然毒素，对胃肠道有刺激。豆荚毒素在扁豆的两端及荚丝中含量较高，要是炒菜前偷懒不肯费点功夫掐尖剥丝，菜原料中留下的有害物质就比较多。豆荚毒素比较耐热，只有在100℃持续一段时间后，才能将其破坏。若只用沸水焯一下，或用急火煸炒等方法加工，往往不能完全破坏扁豆中的天然毒素。进食夹生扁豆后，数分钟至4小时会出现腹痛、胃部烧灼感、腹胀、恶心呕吐等。少数重者可有头晕、头痛、四肢麻木、胸闷、心慌等症状。所以，炒扁豆一定不要怕费功夫，一定要炒熟才能吃。

俗话说，发芽的土豆毒死马。这是因为土豆中含有龙葵素，可以破坏人的红细胞，对黏膜具有强烈的刺激性，对中枢神经系统有麻痹作用。成熟的土豆中只含有少量龙葵素，而芽、芽胚和发青、发绿或腐烂的土豆皮下龙葵素含量很高。所以，购买时最好不要买发芽的、有绿色的土豆，煮的时候务必把土豆煮熟，不吃夹生的。吃土豆时如有口麻、口痒等异常感觉，

第六章
保障日常安全，生命需要全天候守护

应立即停止进食。同时要立即催吐，还可饮服食醋50毫升。

（3）吃的方法也要安全。熟品尽快吃，因为当烹调过的食品冷却至室温时，微生物已开始繁殖。放置的时间越长，危险性越大。一般来说，食品出锅后应立即吃掉，夏秋季节在室温下存放不应超过4小时。存放后的熟食品要再加热后方可食用，回锅加热的温度至少要达到70℃以上。

（4）保证贮存安全。最好把这些食品低温贮存，或将食品贮藏于密闭容器里，防止受到污染。婴幼儿食品要现吃现做，不要贮存。

（5）避免生食、熟食接触，由于生和熟的食物会进行交叉感染，所以应分开用不同的容器贮存，也不要把新鲜食物与剩余食物混在一起。与此同时，要把生食品用具与熟食品用具分开使用。

（6）时刻保持厨房卫生，厨房应当有相应的通风、冷藏、洗涤、消毒、污水排放等设施，且布局合理，防止加工过程中交叉污染。厨房应当保持清洁，用来制备食品的所有用具的表面都必须保持干净。接触餐具和厨房用具的抹布应该在下次使用之前彻底清洗，必要时煮沸消毒。

（7）增强自我防范意识，树立正确的食品卫生安全意识，养成良好的饮食卫生习惯，增强防病能力。在日常饮食中，应做到不吃不新鲜的食物和变质食物；不吃来路不明的食物；注意食品保质期和保质方法；不自行采摘蘑菇和其他不认识的食物食用；加工菜豆、豆浆等豆类食品时，一定要充分加热；不吃发芽、发霉的土豆和花生；一定不要采摘和食用刚喷洒过农药的瓜果蔬菜。食用蔬菜水果前要用清水过洗，以去除果菜表面残留的农药；生熟食品分开存放；保持厨房清洁，防止食物中毒。

（8）养成良好卫生习惯，讲究个人卫生，经常洗手。

4 遵守交通法规，杜绝交通意外

现代化的交通工具给人们带来了方便、快捷的同时，我们也不得不面对各种交通事故的困扰。就车祸而言，已经成为人类第一杀手。

据统计，自1886年第一辆汽车问世至今，全世界已有4000余万人丧生于滚滚车轮之下，远远超过两次世界大战死亡的人数（2350万人），同时因车祸造成伤残的也多达1.5亿人。现在地球上每分钟就有1人死于车祸。

随着我国经济社会的快速发展，人流、车流、物流猛增，交通事故接连不断，我国的交通事故高居世界第一，每年大致造成10万人死亡，50万人受伤，经济损失30亿元。

日常生活中，人们在穿越马路的时候为了少走几步路，翻越隔离栏成为一种习惯；驾驶员不愿等待绿灯再次亮起，黄灯时快速通过成为一种习惯。由此引发的安全事故不胜枚举。

2012年1月3日6时40分，一辆河南省周口牌照的重型半挂汽车，行至沪昆高速公路湖南省怀新段1431公里加700米处时，车辆失控冲破中央隔离带护栏，与对向车道行驶的河北省一辆载有53人的大型客车发生正面相撞，造成13人死

第六章
保障日常安全，生命需要全天候守护

亡、41人受伤。

2012年2月25日上午9时25分，国道207线山西省晋城市泽州县成庄村路段发生重大车祸事故，15人当场死亡，19人受伤。

2012年3月13日12时30分左右，一辆由成都开往阿坝马尔康载有21人的大客车，行驶至317国道阿坝境内鹧鸪山隧道西出口外一拐弯处翻下山沟，造成15人死亡、6人受伤。

2012年4月12日清晨6时30分左右，宿州所辖萧县境内311国道王寨镇附近，一辆装载细沙的大型货车与一辆载有24人的中巴客车相撞，致24人全部死亡。

2013年8月31日，河南省三门峡市陕县境内连霍高速公路784公里420米处，发生一起客车侧翻滑坠至路边坡底的重大事故，造成11人死亡、14人受伤。

2014年1月15日上午，云南省昆明市禄劝县发生一起道路交通事故，一辆微型面包车坠入100米的深沟，造成车上12人全部死亡。

2015年3月1日15时32分，一辆奔驰轿车在深圳宝安机场离港平台失控撞向护栏，造成路边行人9人死亡、23人受伤。

……

车祸猛于虎！伤亡惊天地！生命是如此脆弱，交通意外夺走了多少鲜活的生命，破坏了多少幸福的家庭，折断了多少青春的翅膀！如此惨烈的教训，难道还不应当引起我们的警醒吗？

预防是防止和减少交通事故的最有效手段。预防一是思想上的警惕，二是行为上的防范。"预防为主"就是要防患于未然，将一切不利于交通安全的因素，消灭在萌芽状态。这分两个方面，一是步行交通安全，二是行车交通安全。

（1）步行出门，防范交通事故最重要的就是遵守交通法规，不越规不逾矩，特别是不能冒险闯红灯。在车辆多和易发生交通事故的路段，交通部门在马路中间设置了交通护栏。我们不能为图省事，怕绕路，经常跨越栏杆横过马路，这样做实在太危险。因为，驾驶员反应即使再快，猛然发生的事情也会使他措手不及。

（2）行车时更需要重视交通安全。自己驾车时更需要严格遵守交通法规，在任何情况下行驶，都要保持清醒的头脑，对可能出现的影响行车安全的情况都要认真分析，正确判断，随时采取相应措施，做到有备无患。

要牢固树立"安全第一"的思想，具有高度的责任心，对自己负责也对别人负责。谨慎驾驶，规范行车，保证自己、乘客及行人的安全。要养成良好的自觉遵章守法习惯，文明驾驶车辆，不闯红灯，中速行驶，不开英雄车，酒后不开车，不开带病车。要充分认识到"违章是事故的隐患，事故是违章的结果"，这是血的教训总结。杜绝超速行驶、违章驾驶、注意力不集中驾驶、驾驶技术不熟练驾驶，随时保持车况良好，时刻注意路况，处理好人、车、路三者之间的关系，这样才能确保行车安全，减少交通事故。

防盗防抢，面对歹徒学会"弃财保命"

现在社会越来越复杂，各种各样的人混杂其中，一些公共安全的案子越来越多，危险可以说无处不在。这就需要我们要有一双慧眼，善于识别和防范各种危险，比如防骗子、防抢劫、防盗窃、防绑架、防强奸

第六章
保障日常安全,生命需要全天候守护

等一些伤害大、突发性强的事故,时刻提高警惕,保护自己不受伤害。

(1)注意防盗。

在家中需要防范盗窃犯罪,免使自己的财物受损,但更重要的是要学会保护自己的生命。

平时要注意不要让外来服务人员进家门,更不要对他们讲述家中情况。不是很熟悉的朋友,不要轻易带回家。家中的刀具不要放到明处,防止窃贼进家门后找到凶器伤人。家中不要摆设特别贵重的装饰品,不要把存折等贵重物品放在抽屉里和柜子里,这些位置都是入室盗窃分子喜欢翻找的地方。家里不要放置过多的现金,钱包里也应少放钱。即使出门,也只带当天要花的钱,不要露富。

如果只有一人在家,不管是陌生人还是熟人敲门,都不要贸然开门,先问明是谁再决定开不开。当独自回家时,开门前要先回头张望,防止有人尾随。如果回家时看见本应没人的自家大门虚掩,有人正在家里偷东西,千万不要出声惊动犯罪分子,更不要进屋,而是应该赶快找邻居帮忙,或者拨打110报警。

在家遇到贼可以采取以下应对措施:

①迷惑贼:当独自在家时,要想办法让贼明白,家里马上就会有人回来。

②快跑:尽量往外面跑,不要管家里的东西,也不要与歹徒搏斗,跑出去后,要马上报警。

③报信:家里进贼后,要想办法让别人注意到自己家,比如到阳台上往下扔衣架等物。

④搏斗:体弱者,尽量和贼斗智;身体强者,可以和贼斗勇。切记:晚上有贼进门后,不要主动开灯。因为贼并不熟悉你家里的环境,而你自己却熟悉。同时不要出声,尽量别让贼知道你在什么位置和家里有几个人,然后再找机会将贼制服。

若家中已经被盗,应做好以下几点:保护好现场,不随意翻动;及时与公安、保卫部门联系;存折、信用卡被盗后尽快到银行办理挂失手续；配合公安机关的调查工作，并提供尽可能多的情况。注意：关键时刻要分清重点，尽量保护自身生命安全。一定要保命勿保财！

外出防盗，主要注意事项有：不要将钱物放在容易被挤着的部位，如裤子后袋或侧袋等，由于西装在挤车时容易被拉扯，内装口袋也不甚安全，正确的方法是应将钱物或皮夹放入内胸袋或皮包里；挤车时随时用手护住自己的前胸或挎包；乘车时不要麻痹大意或瞌睡，尤其是携带大量现金或重要证件时，以免给小偷留机会。如果发现财物被盗，务必及时报警。能抓住小偷时，要在心中量力而行，是不是能制服，如果没有十足的把握制服小偷，就不必冒险抓他，等警察来抓好了。因为这个时候，生命远远比财物重要，要是小偷狗急跳墙，做出非常举动，很可能将我们的生命置于危险之中，这是得不偿失的。一定要牢记。

(2) 防抢劫。

抢劫是恶性暴力事件中常见的一种，而且敢于抢劫的一般都是穷凶极恶的暴徒。因而，当我们遭遇抢劫时，不可蛮撞抵抗。绝大多数抢劫者只是贪图钱财，而不是害命。当你的反抗不能保护生命时，财物对于你来说还有何意义？所以一定要切记：钱财只是身外之物。生命才是最宝贵的。

在乌鲁木齐，一名中年男子在仓房沟水泥厂附近被抢劫杀害。据警方调查，被害人是四川来乌市打工人员，在遇害地附近租住房屋。当天晚上，被害人喝酒后独自回家，途中遭遇抢劫。民警分析，当他身上的现金和手机被抢劫时，他因酒后情绪暴躁而奋力反抗被犯罪嫌疑人杀害。

同样是在乌鲁木齐，36岁的河南籍农民张某在摆摊回家的路上遭遇抢劫，被歹徒持刀捅死。当晚，张推着烤红薯车准备回家，途中遇到2男1女抢他的红薯吃并且不付钱，性格刚烈的张拉住3人执意要钱被当街捅死，

在郑州，一对情侣遭遇3名犯罪嫌疑人持刀抢劫，男子奋

第六章
保障日常安全，生命需要全天候守护

起反抗，被3名疑犯按倒在地当场捅死，随身手机、便携式DVD机被抢。

……

不管有多少财物被抢走，和生命相比，都不值一提。所以，面对盗窃和抢劫，我们最重要的不是保财物，而是保生命。没有足够的能力制服歹徒的时候，最好选择顺从，从而保住生命。

当然，这并不是说我们就不能反抗，而是要有计划、有准备、有智慧地反抗，以能起到一招制敌、绝不让自己落入险境为前提，再行反抗。面对歹徒，因为不清楚对方的实力，所以切不可与其僵持、纠缠，正确的对策是利用一切可以利用的东西快速制敌，然后迅速逃离、报警。

可以预先准备好防卫物品，如水果刀、剪刀、发胶、钢笔等。比如，可将发胶喷口对着匪徒的眼睛，平行移动并反复喷出液体，趁其躲避时逃跑；也可以钢笔笔尖插向对方的要害部位，如眼、耳、喉、颈侧动脉、腋窝等处。

用鞋子攻击，如以鞋尖踢向对方的腹部和裆部；女性可以用高跟鞋的鞋跟踩对方的手、脚，或蹬对方的裆部。

用皮包攻击，可以用力量较大的那只手抓紧皮包带，猛击对方的头部、太阳穴、颈侧动脉；若力量足够大，可令对方昏迷。包内可放上砖、石等重物，以增强打击力。双手握住提包，还可阻挡匪徒的对攻。

用有尖突的戒指、发卡、胸针等攻击。一些戒指上有尖锐的突起处，可以使其对准对方的要害部位，用力击打。女性可迅速取下发卡、胸针，以其尖锐处对准对方的眼、耳、喉等处插去，趁其负痛时立即逃跑。

但这些措施都是在我们能逃脱离险境的前提下才能使用。不管被抢了多少财物，一定要牢记一点：生命第一！任何财物我们都可以放弃，因为钱再多也不可能买来生命。一旦丢失了性命，再多的钱财又有何用。所以，有时候，适当地选择顺从是正确的。

生命只有一次　且行且珍惜

一名年轻女性被杀,从犯罪嫌疑人的供述中,有很多细节都值得我们深思:这名女性被杀的当晚,犯罪嫌疑人溜达到体育大街,蹲在路边发呆。他声称,他起初并没有打算抢劫,当受害人从他身边经过时,恶念才突然袭来。他紧跟过去抢了被害人的包。嫌疑人称,受害人的激烈反抗让他紧张。他压低声音警告受害人:"别喊,我就要钱。"但受害人由于惊恐不停地喊。"她老喊,我特别怕。"嫌疑人称,为了不引起别人的注意,他捂着受害人的嘴,将其拖拽到40米开外的路边土堆处,并在其反抗过程中用砖头将其砸晕。

"她被拖到地上时,衣服掉了,我突然就想……"嫌疑人解释强奸受害人的动机。将受害人强奸后,用土掩盖了受害人的身体并搜走120多元现金后离开。

倘若这个女子在遇到抢劫时选择放弃财物逃跑,那么犯罪分子未必会对她实施接下来的强奸、杀害。有时候当我们明知心有余而力不足时,千万不要做一些可能增加我们受到伤害的无意义举动。一般来说,实施抢劫的罪犯其核心目的还是我们的财物,只要让他们顺利得到财物,他们对我们的性命并不会感兴趣。毕竟抢劫是一回事,杀人可就是另一回事了。

钱财乃身外之物,而生命至关重要。任何时候,生命都是第一位的。不管多珍贵的财物,失去了都还有机会赚回来,而生命一旦失去,却永不会再有。所以,每个女性都应当把自己的生命放在最重要的位置,不管任何时候都坚守"生命第一"的理念。在遭遇抢劫时不要留恋那些钱财,特别是在挽救钱财很有可能会伤害到生命时,务必以生命为重,记住"破财消灾",只要保住性命,那么即使被抢劫走再多的财物也不足挂齿。

第六章
保障日常安全,生命需要全天候守护

6 避免打架斗殴,别让生命毁于一时的冲动

对于生命的珍惜,对于生命的保护,其实是全方位的,是二十四小时的。很多时候,不仅要防范外来的意外伤害生命,也需要防范我们自己。因为很多时候,生命的逝去,恰恰是因为我们自己因为一时的冲动情绪。一言不合,或是一事不对,就大打出手,聚众斗殴,最终落得双方受伤,甚至丢了性命。生活中这样的案例数不胜数。

于某与艾某是楼上楼下的邻居,因楼道垃圾问题发生争吵,吵着吵着,情绪激昂起来,终至大打出手。由于于某个子小吃了亏,被艾某打了个鼻青脸肿,进了医院。致使于某怀恨在心。

不久后,在楼道下面又发生了争执,因为自行车碰着了一点点。要说是和睦的邻居的话,互相道个歉啥事也没有。但他们不依不饶,大吵大闹,最终又打起来。这回于某不甘心再被打,于是叫了两个要好的同事来"帮锤",两位同事为了帮于某出上一次的恶气,大打出手,最终艾某被打倒在地,浑身是伤,竟伤重不治。于某被判入狱,两个家庭彻底毁了,还连累两位同事也入狱。

王某与解某的斗殴就更不值当了。两个人因为下象棋,王某与郝某下象棋,解某在一旁支招,王某眼看要输了,嘴就不

生命只有一次　且行且珍惜

干净了，冲着解某骂骂咧咧的，解某当然不服就对骂起来了。王某顺手拿起一个棋子照解某的脸打去，不偏不正，正好砸在解某的鼻梁子上，当下鲜血直流。解某气极，立即回家取了一把刀过来，二话不说，直砍下去，王某就这样被砍死了。

这就不难看出打架的成本了，所以当我们遇到纠纷时一定要冷静理智地处理。骂人无好口、打人无好手，冲动起来一拳出去就无法预料后果了。

还有李某和雷某，只因为停车堵了道，互不相让，双方竟然都纠集他人斗殴，最终导致一人死亡的严重后果。这天李某把货车停在工地上，妨碍了雷某工作，只因这么一件小事，双方谁也不让谁，一言不合便撕扯在一起，一场口角升级成打斗，50多岁的雷某用木棍打了李某胳膊几下。吃了亏的李某扬言要找人报复，纠集了朋友王某、杨某、刘某、于某携带砍刀、木棒等工具赶到案发地点。占了便宜的雷某不甘示弱，打电话找来了儿子小雷，小雷在赶往案发地点时又遇到了表哥杜某，一起往出事地点赶去。仇人相见分外眼红，二话不说，双方就打成一团。仅几分钟的时间，李某就被雷某的儿子用刀刺中心脏，当场死亡，其他人均不同程度受伤。

在案件审理过程中，年仅25岁的小雷对自己犯下的罪行流下了悔恨的泪水。"我和李某根本不认识，仅仅因为我的冲动，伤害了一条生命。"其父雷某也后悔万分："自己是50多岁的人了，依然控制不住自己的情绪，只因一时冲动，连累了自己的儿子和外甥杜某，儿子今年只有25岁，外甥31岁，正是人生的大好年华，却要在监狱里度过。"雷某还说："人死不能复生，现在说什么都已经晚了，除了给受害人家属道歉外，只能好好学习和改造，同时希望其他人能以他的经历为教训，好好处理与他人之间的关系，不要冲动，更不要犯法，不然后悔都来不及。"

第六章
保障日常安全，生命需要全天候守护

有句名言说"冲动是魔鬼"，这话说得是一点都不错。冲动有时会导致不可思议的后果，冲动有时会产生不必要的损失，冲动有时甚至会毁灭一切。所以，遇事要冷静，特别是有情绪激动、吵嘴情况发生时，务必克制住冲动，千万不可脑子一热，就不顾后果，胡作非为。当时或许是爽快了，但结果绝对不会有多美。

·····

一天下午，某县29岁的肖军发现自家的银白色面包车上有被人用石块砸伤的小痕迹，听儿子说是邻村一个5岁小孩干的，愤怒的肖军带上儿子，找到小孩父亲张华，要求赔偿。张华找来儿子对质，儿子对此予以否认，张华说既然如此，就不予赔偿，并准备离开。肖军见状冲上去打了张华一耳光，并捡起一根竹棍打了张华一棍。一向老实本分的张华被打后悠悠地回了家，却留下儿子在外玩耍。

然而，肖军还觉得不解恨，一把逮住张华的儿子，让他跪下赔礼道歉，并用竹棍将其打伤（经法医鉴定为轻微伤）。得知孙子被打，张华的母亲匆忙赶到现场，请求不要打小孩，结果被肖军打成了右手骨折（经鉴定为轻伤）。见儿子和母亲被打伤，张华怒不可遏，操起柴刀就去教训肖军。但是43岁的张华根本不是肖军的对手，反挨了肖军几棒（经鉴定为轻微伤）。对峙了好几分钟后，张华瞅准一个机会，将肖军的手砍伤，并乘机朝肖军的面部连砍数刀，致其当场死亡。杀红眼的张华又将肖军4岁的儿子面部砍伤。村民们慌忙夺下张华的柴刀，打电话找人紧急救人，张华投案自首，对犯罪事实供认不讳。

惨案的发生在当地引起了很大震惊，一度成为街头巷尾热议的话题。

·····

小纠纷酿成了一桩大惨案，一时的冲动引来了杀身之祸。肖军丢了性命，而张华也会为此付出了惨重的代价。仔细想一想，为了这些许的

生命只有一次 且行且珍惜

小事,多么的不值当!因而在发生纠纷时,要冷静对待,不能因一时冲动酿成终生悔恨。我们在碰到纠纷时,不能冲动,更不应该以暴制暴;随行的朋友不要成为事件的帮凶,要多做劝解工作,把大事化小,小事化了,而不是煽风点火,火上浇油,帮锤或是助拳,让事情不可收拾,也让自己陷入其中。这是没有意义的。

对于每一个懂得珍惜生命、爱惜生命的人来说,要牢记"冲动是魔鬼"这句生活的箴言,时刻把"生命第一"放在至高无上的地位,不管情绪多激动,自己多挫败,也切不可冲动冒失,打架斗殴,不知轻重,闹出不可收拾的后果来。要懂得克制,牢记安全,时刻保护自己,生命才能安全,幸福才能长远。

第七章
拒绝邪恶诱惑,自觉筑牢生命安全的防火墙

潘多拉没能经受住诱惑,打开了盒子,所有被锁在盒子里的邪恶都跑了出来,人间从此再也没有安宁了。许多危害生命安全的危险正像盒子里的邪恶一样,充满着无限的诱惑,如果我们不能抵抗得住邪恶的诱惑,不能守住自己的内心,就会被邪恶诱惑,被诱惑毁灭了生命!

1 警惕"过劳死",追逐梦想但不可透支生命

说到"过劳死",我们已经不再陌生了。这几年,在中国大地上,这个看似阴森恐怖的词已经无数次地进入人们的视线,有太多因为"过劳"而英年早逝的青年才俊让我们扼腕长叹,同时也对"过劳死"深恶痛绝。然而,"过劳死"的悲剧却一而再、再而三地上演,夺走了一个又一个如花的生命,阻断了一个又一个追逐梦想的脚步……

2004年,企业资产总规模达到25亿元的均瑶集团原董事长、著名民营企业家王均瑶突患直肠癌英年早逝。38岁的他,在去世前不久,还雄心勃勃地准备创办自己的航空公司。熟悉他的人都说,他是累死的!

2006年1月,上海中发电气董事长南民因急性脑血栓辞世,终年37岁。

2010年,37岁的腾讯网女性频道编辑于石泓因脑溢血去世,死因与工作劳累过度有关。

2011年,普华永道会计所25岁的美女硕士员工潘洁因过劳突发急性脑炎去世。

2011年,央视财经频道一位年轻的编辑死于胃癌晚期,

第七章
拒绝邪恶诱惑，自觉筑牢生命安全的防火墙

年仅36岁。而长期过劳和不规律的生活正是夺命元凶。

2011年，从中山大学毕业，刚成为"百度地图"技术研发人员仅四个月的林海韬，因心脏衰竭而亡。据其生前发表的微博发现，死者工作繁忙，曾48小时不休不眠，微博曾多次出现"通宵""累""困"等字眼。一众网友直指其是"过劳死"。

2012年，一名年仅24岁的淘宝网皇冠级女店主因为连续通宵熬夜，在睡梦中去世。

2012年，浙江电台音乐调频动听968主持人郭梦秋在家中突发心肌梗死辞世，年仅25岁。有网友翻出郭梦秋之前的微博，发现很多内容都是抱怨高压生活的，一时间，一场关于"生命、压力、猝死"的讨论在网络上展开，对于追逐梦想还是呵护生命的讨论也在全国展开。

2013年，中央电视台电影频道《节目预告》编导、主持人，《下周电影》主持人王欢因癌症去世，年仅43岁。

2014年，《南方都市报》副总编辑王钧因病医治无效去世，享年43岁。

2014年，《南方都市报》时事新闻中心首席记者过国亮不幸罹患肝癌，在珠海逝世，享年31岁。

2015年3月24日，深圳36岁的IT男张斌被发现猝死在酒店马桶上。为赶项目，他常常加班到早上五六点，又接着上班。死前一天，他跟妈妈说"太累了"。同事也都认为他是累死的。

……

像这样的案例，实在是太多了。本是生命力、创造力最旺盛的年华，本是花一样灿烂的生命，却在最好的时光里匆匆离去，怎不令人扼腕叹息！或许生命正是这样，看似很长久、很顽强，实际上却很脆弱、很易逝，稍稍不小心，就会被我们亲手断送。

这些英年早逝的人，这些匆匆离开的人，很多都志向远大，成就非

生命只有一次　且行且珍惜

凡，并且还在为自己的理想拼命跋涉，艰辛努力，但所有的努力、梦想、心愿以及奋斗，全部因为生命的终止而戛然而止，所有的梦想也因为生命的猝然离去而瞬间成空……

多么令人慨叹、多么令人悲伤的一幕啊！

到底是追求梦想重要，还是呵护生命重要？到底要不要为了理想的实现而透支未来的生命？难道为了追逐梦想，我们一定要以透支生命为前提吗？

答案其实显而易见。

但就是有很多人不明白，身陷其中，身不由己，及至想要转身，已然来不及了。

原小娟，网名鼠尾草，本是《时尚》杂志的一位资深女编辑，曾经在博客上带着网友一起，游走于葡萄酒与美食的世界，看遍人间繁华；可是绚丽的事业背后，是无休止的忙碌，正如她后来在《病床日记》中写的一样，除了高强度的出国访问，在国内出差更是像坐出租车一样，总是今天去明天回来。2006年的上半年，有两次她和丈夫同时出差，把孩子留给保姆长达一周。有时，两个人在天上交叉而过。"从意大利回来，在机场，只能让家人接我的行李回家，我却要赶下一班飞机去上海……""那段时间，我的工作量是一个普通编辑的三倍以上。"过度的劳累很快压垮了她的身体，让她患上了胃癌。

2007年，年仅35岁原小娟撒手人寰。而病了之后的原小娟才终于明白，与生命相比，看似绚丽的事业和令人羡慕的生活，其实根本不值一提。她在《病床日记》里反思自己的生活："面对可能相遇的死神，我开始重新思考自己的生活方式，那些被人羡慕的生活有太多虚妄的假象，让我不能去面对自己心灵的真实……我要重新开始自己的生活，在我的康复之旅上重新完全自我地自由生活。这样的思考如果不是这样的疾病，可能

第七章
拒绝邪恶诱惑，自觉筑牢生命安全的防火墙

我一辈子都无法想通。"但这个时候想明白已经晚了。

她的死在中国博客世界引起了震动，关于过度透支生命、关于梦想重要还是生命重要的讨论也随之展开。德国之声电台在题为《中国白领用生命换浮华》的报道中说："作为舒展经济腾飞羽翼、追星逐月的中国新锐一代，原小娟在其短暂的人生中经历了从贫乏到丰盛、从迷茫到自信的上行震荡期，透支自己的生命激情燃放了一场绚丽的烟火。""这绝不止是一位时尚才女的仙逝故事，鼠尾草代表着中国社会追星逐月、透支生命的一代，在急速发展的上行社会里，耗尽生命的火焰，并在一场疾病的打击下，粉碎了浮华的幻象。"

在《病床日记·自己种下的病因》中，原小娟把自己的病因归结为三点："睡眠严重不足；没有善待自己的胃，常常饥一顿饱一顿；工作的紧张与压力。"而这几点，恰恰是"过劳死"最重要的原因。

"过劳死"是指劳动者较长时期内处于一种超出生理劳动时间和强度的工作状态，正常工作规律和生活规律遭到破坏，体内疲劳蓄积并向过劳状态转移，使血压升高、动脉硬化加剧，引发人体心衰、肺衰、肾衰、心肌梗、脑溢血等病症造成的猝死。这种猝死的死因主要是冠心病、主动脉瘤、心瓣膜病、心肌病和脑出血，与一般猝死没什么不同。只不过这些病的潜在性使过劳者忽略，以至于酿成严重后果。但若没有过度劳累这个诱因，猝死可能就不会发生。

"过劳死"的直接原因是"过劳"，也就是过度劳累，而其他原因则包括生活规律紊乱、颠倒黑白的作息方式、暴饮暴吃的饮食习惯、难以承受的生活压力与多重压力堆砌在一起，一次又一次的连续"过劳"，最终让身体滋生出一个个致命细胞，导致"过劳死"。

英国科学家贝弗里奇说："疲劳过度的人是在追逐死亡。"而对大多数正在为自己的梦想努力、为自己的未来拼搏的年轻人来说，"过劳"几乎是一种常态，加班、熬夜是最常见的词汇之一，为了完成任务，为了做好自己的项目，为了给自己更多的机会，为了证明自己的实力，为了获得更多的投资等，24小时连轴转的人也不在少数。试想，这样的状态，怎么可能不过劳？过劳、患病、猝死，又有什么值得奇怪的呢？

梦想重要，实现梦想当然也重要，但生命更为重要。因为生命是梦想的前提，是实现梦想的资本，是一切的根基和前提，没有了生命，梦想、前途、财富、金钱、地位、名誉、权力以及一切我们想要追求的东西，又有什么意义？又依附于哪里？

失去了生命，一切都失去了依附之处、失去了承载之地，势必会成空成虚、成幻成无，一切都不复存在！

那么，我们为什么还要透支生命呢？再远大的理想，再辉煌的幻梦，再灿烂的明天，如果以透支生命为代价，都不值得，都应当被我们果断地停下。懂得珍惜生命、呵护自己的人，就应当坚决地拒绝"过劳"，及早预防"过劳死"，保护生命不受伤害，也让自己得享幸福，不让理想中道崩坍。

预防"过劳死"，要从以下几个方面做起：

(1) 切忌"硬熬"。

感到累就要休息。累是身体需要恢复体力和精力的正常反应，同时也是警告，此时如果不采取措施，人体就会积劳成疾、百病缠身。所以，当感觉周身乏力、肌肉酸痛、头昏眼花、思维迟钝、精神不振、心悸心跳时，要尽快松弛下来，消除身心疲劳。

要减少加班，把上班和下班分开，下班后就不要再想工作的事，让自己放松。

(2) 养成良好的起居习惯。

思睡时不要硬撑，不可强用咖啡、浓茶、香烟刺激神经，以免发生神经衰弱。饥饿时要立即进食，不要随便推迟进食时间，否则可能引起胃肠痉挛性收缩。经常饥不进食，易引起溃疡、昏迷、休克。

(3) 保证充足的睡眠。

尽管我们经常说8个小时是睡眠的"适当"时间，但每个人的需

第七章
拒绝邪恶诱惑，自觉筑牢生命安全的防火墙

要是不同的，这是最基本的生物规律，不是你能随意改变的。可以在下一次休假时，注意一下你实际上睡了多长时间。一旦你从深夜的工作和凌晨的闹铃中解放出来，你体内的生物钟就会自动调节生活节奏，你就会明白自己实际需要的睡眠时间了。

如果你在夜里无法获得充足的睡眠，可以在白天通过打盹的办法补偿。哪怕短至30分钟的打盹也能提高你的警觉度，并增强从事复杂脑力劳动的能力。打盹的最佳时间是下午1点到4点——此时正是我们大多数人最感困乏的时候。

（4）吃好一日三餐。

早餐非常关键，因为这时你身体的营养储备已降至最低点，是补充营养、贮备能量的好机会。一顿高质量的早餐包括用于摄取蛋白质的脱脂奶或者酸奶，用于摄取碳水化合物的谷类食物或者全麦粥。中餐和晚餐也不能马虎。但要注意少吃宵夜，杜绝饮食不规律、暴饮暴食或是长期处于过度饥饿状态。

（5）适当运动。

掌握一两种适合自己，并且能够经常开展的运动。一般来讲，应选择相对温和的运动，球类、慢跑、爬山、散步都是不错的选择。

（6）做好心理调节。

以积极的人生态度直面现实生活中不可避免的压力，降低过高的期望值，使自己从长期紧张、担忧和恐惧的状态中摆脱出来；保持宽容的心态，为自己创造一个安宁的生活环境。

（7）注重休闲。

现代都市人工作紧张，闲暇时应尽量减少不必要的应酬，多与家人、朋友在一起，能使自己心情舒畅，忘却疲惫。

2 克制自己的贪心，小心"人为财死"

古人云："天下之福，莫大于无欲；天下之祸，莫大于不知足。"意思是说，天下最大的福气是没有贪欲，最大的灾祸是贪心不足。因为贪心不足，招致杀身之祸甚至毁家灭室的事例实在是太多了。所谓"人为财死"，正是因为贪心所致。

从前，有一家弟兄两个分家，老大占强，好房子、好田都占过去了，老二只分到一个破草棚和一棵大树。

那棵树上做了一个喜鹊窝。有一天，老二对喜鹊说："喜鹊啊，你们快把窝搬走吧，我要把这棵树锯下来卖掉，换点儿粮食油盐回来过日子。"哪晓得喜鹊开口说话了："你不要锯树了，明天四更天我带你到葫芦谷那里去，那里有好多金银财宝，你捡点儿回来就够过日子了。"老二答应了。

第二天四更天喜鹊果然带老二去了葫芦谷，原来葫芦谷是太阳出来的地方，到处都是金银财宝。老二装了一袋子，在太阳出来之前，又伏在喜鹊身上回家来了。

老大奇怪老二为何一下子有钱了呢？老二就把原由告诉了哥哥，老大的贪心一下子高涨起来。于是也假装穷得吃不上饭，要去锯树卖，喜鹊也答应带他到葫芦谷去拾金银财宝。

老大就找了一个超级大的袋子，跟着喜鹊到了葫芦谷，老

第七章
拒绝邪恶诱惑，自觉筑牢生命安全的防火墙

大看到无数的金银财宝眼都直了，不停地捡呀、扒呀，喜鹊几次催他快走，他都不走，眼看太阳就要出来了，喜鹊就扔下他独自飞回去了。老大就被太阳烧死了。

古人云："贪如水，不遏则滔天；欲如火，不止则燎原。"老子也说过："罪莫大于多欲，祸莫大于不知足，咎莫大于欲得。"司马迁在《史记·列传·范雎蔡泽》中说："欲而不知止，失其所以欲；有而不知足，失其所以有。"欲望是催人向上的动力，也是害人毁人的源头。

清人胡澹淹在《解人颐》中有一首打油诗云：
终日奔忙为了饥，才得饱食又思衣。
身着绫罗和绸缎，堂前缺少美貌妻。
娶下三妻和四妾，又怕无官受人欺。
四品三品嫌官小，又想面南做皇帝。
一朝登上金銮殿，却慕神仙下象棋。
洞宾与他把棋下，更问哪有上天梯？
若非此人大限到，上到九天还嫌低！

这首诗形象地描述了人的欲望永无休止。倘若任由这样无休止的贪欲疯长，终有一天会毁灭自己的。因为一个人的贪婪之心如果不加以节制，就会见钱眼开，见财起意，利令智昏，不顾道义，还会做出图财害命、杀人越货的蠢事来，最终只会毁灭自己的生命。

陈林有一朋友黄某，两人是同做废品生意时相识的，经常来往。这天黄某又来到他家闲聊，陈林的妻子还做好了午饭，三人边聊天边吃了午饭。午饭后，恰巧碰到陈林的客户送来12万元货款。黄看到后顿生劫财恶念。

聊天没多久，黄某提出有事要走，陈林便送其到公共汽车站乘车，然后，陈林去车站旁的商店买东西。但当陈林返回家

生命只有一次　且行且珍惜

中时，惊异地发现黄某又回到了自己家里，且神色慌张，谎称把手机落下了，慌忙逃走了。陈林进卧室发现妻子躺在地板上，身上盖着被子，竟然气绝，而刚收到的钱袋子也全然不见了，这才恍然大悟是黄某掐死了妻子，抢走了12万元钱。

陈林气极了，立即报警，没一会儿警察就将黄某抓获。果然是见财起意，图财害命，竟然向朋友伸出了黑手。最终黄某被判处死刑。

贪婪的人，恶念丛生，什么事都干得出来，不把自己弄得身败名裂、家破人亡，不会罢休。

除了这种见财起意、干出杀人越货的勾当，致使自己丢了性命的贪婪之外，还有另一种贪婪，也一样会让自己性命不保，幸福难继，那就是腐败。

现在正是肃贪反腐最高潮的时候，我们看到，每天都有无数的"大老虎""小苍蝇"被揪出来，无数隐形的蛀虫被暴露在阳光底下，群情激昂，人心大快。但是，对于那些贪婪成性、贪心不足以至于作奸犯科、违法乱纪的腐败人员来说，才是真正领会到了贪心的恶毒，品尝到了贪欲的苦果。近些年来，从居庙堂之高的中央官员"大老虎"如周永康、令计划、薄熙来、刘志军到处江湖之远的一般员工"小苍蝇"如"淘宝小二"、出纳甚至收银员等，因为贪欲而毁灭自己的前途、未来、家庭甚至生命的，数不胜数。仅仅因贪污而被判死刑并已经执行了死刑、导致家破人亡的，就罗列不清了。

贪为万恶首，贪是断命根。古人云："贪蛇勇行，必忘其尾。"贪是毁灭与不幸的根源。宋代朱熹说："世路无如贪欲险，几人到此误平生。"说的是在世间走贪欲之路最危险，多少人都是因此而误了一生。英国有一则谚语说："贪婪地追求金钱、不择手段地利己的人，等于一砖一瓦地给自己建造一个地狱。"不遏制贪婪之心和非分之欲，就可能如火之燎原、水之滔天，最终淹没自己、淹没家人。

可以想见，不论是"大老虎"还是"小苍蝇"，只要是被判了死

第七章
拒绝邪恶诱惑，自觉筑牢生命安全的防火墙

刑，他们会有一个怎么椎心泣血的家庭，更可悲的是，有很多人都是"全家腐""全家贪"，一人倒下，牵连全家，妻子儿女甚至亲戚朋友都一同进了监牢，唯有老父老母幼儿幼女在监外为贪官们的罪行受苦⋯⋯

法网恢恢，疏而不漏。不要以为自己手段高明或是神仙保佑就能躲过，就能真的拿了白拿、贪了白贪，永立不倒，永远风光。只要你动了贪心，有了贪念，贪了财物，拿了不该拿的，就一定会受到该得的惩处！若是迷途知返，及时收手，革除贪念，改过自新，或许还能落得个好归宿；若是执迷不悟，一意孤行，等待你的，就只有家破人亡这一条路！

贪心害人，贪欲杀人，珍惜生命，就要学会克制自己的贪心，懂得知足，不该拿的不要拿，不该要的绝不要。要时时想一想贪欲的危害，想一想，如果我这样做了，进监牢了，会怎么样？多来几个假设，多想几个结果，会大大警醒我们，守紧廉洁底线，闭紧贪欲的大门！

钱财给人的负担很沉重，放下就是轻松；名利给人的烦恼很痛苦，看破就是宁静；贪欲给人的烦恼很恶毒，断除就是幸福。珍惜生命的人，要看清贪欲的恶毒，明白贪心也会杀人。断除贪念，持正守廉，远离贪腐，甘心清贫，这样才能寿比南山，幸福绵长。

拒绝毒品，"瘾君子"是在亵渎生命

毒品，其实指的就是能使人成瘾的物质。成瘾主要涉及机体对药物的反应，吸毒使机体对毒品产生耐受性，不断需要加大吸食量。同时吸

生命只有一次 且行且珍惜

毒能产生欣快感，中断会感到主观上不适，精神上产生想再用毒的愿望，产生毒品依赖性，表现为一种强迫性的或定期吸毒的行为和其他反应，为的是体验它的精神效应及避免断药所引起的不舒适。毒品进入机体后作用于人脑内的与学习、记忆有关的神经系统，使人产生一种特殊的精神效应，并使吸毒者出现一种渴求吸毒的强烈欲望，而不顾一切地寻求和使用毒品。

近些年，我国吸毒人数呈逐年上升趋势，因毒品而受到伤害的人数也逐年增加，虽然国家对吸毒贩毒的打击力度越来越大，但仍然挡不住毒品的泛滥和吸毒人数的急剧上升。

> 到2013年，我国登记在册的吸毒人数为68.1万余人，比2011年增长8.5万多人，上升了14.3%，超过2011年10.3%的上升幅度。其中，男性约55万人，占总数的80%；17～35岁的吸毒人员约53.2万余人，占总数的77.9%；近49万人吸食、注射海洛因，占全部吸毒人员的72%。

之所以吸毒的人员呈上升趋势，最主要的原因是吸毒是会成瘾的，一旦染上毒瘾，就极难戒断，复吸的可能性极高。而每年都有一些出于好奇或受环境的影响以及想麻醉自己来摆脱烦恼的人加入到吸毒的队伍中来，因而人数也就越来越多了。

毒品的形势不容乐观，毒品的危害不言而喻，不仅害己、害人、害家、害亲人，也害社会、害国家。毒品的危险既广且深。从某种意义上说，吸毒比战争、地震、水灾、瘟疫等灾害更可怕、更残酷、更具毁灭性。这些自然灾害，都只能夺去人的生命，不能夺去人的意志和灵魂；而吸毒不仅能夺去人的肉体，扼杀人的生命，它还能使人精神颓废，道德沦丧，使文明丧失殆尽，把许多人的灵魂扭曲成了魔鬼，把人们的修养和素质变成了兽性，使不少幸福的家庭妻离子散、家破人亡，使无数前途无量的英才沦落成为罪犯，甚至命丧黄泉。毒品对人的危害可谓深重无极，其危害主要体现在如下几方面：

第七章

拒绝邪恶诱惑，自觉筑牢生命安全的防火墙

（1）吸毒毒害身体，损害心理。

吸毒会对身体产生毒性作用，表现为嗜睡、感觉迟钝、运动失调、幻觉、妄想、定向障碍等；染上毒瘾后会出现精神障碍与变态，最突出的表现是幻觉和思维障碍，有时会丧失正常的伦理观念、道德观念，丧失人性，杀人放火，无恶不作，甚至对自己最亲最爱的人下手；吸毒还会导致身体感染各种疾病，静脉注射毒品给滥用者带来感染性合并症，最常见的有化脓性感染和乙型肝炎及令人担忧的艾滋病，吸毒者常常共用针头注射引起交叉感染，或是卖淫、嫖娼而传播艾滋病毒。吸毒感染艾滋病病毒的比例高达50%。可以说，因为吸毒，再健康的身体也会被完全掏空，不再有一点力气，越到后期，除了每天把自己泡在毒品里，已经没有任何心思和力气干其他的任何事情。

选择毒品，意味着选择通往地狱之路；吸食毒品，等于就是在亵渎生命、玩弄生命。生命属于每个人只有一次，珍爱生命，必须拒绝毒品。现实中，一些人由于对毒品无知和好奇，或对毒品的危害性认识不足，由尝试开始，逐渐成为不能自拔的瘾君子，最终为毒品所吞噬，生命就在毒品的摧残下消失！

美国"天后"级歌星惠特尼·休斯顿，因为吸毒过量去世，享年48岁。毒品让这位曾经青春美丽的女歌手面目全非。48岁的惠特妮·休斯顿形容枯槁，双眼下面是深深的黑眼圈，眼神中只有近乎疯狂的迷茫。据她的亲人称，因为毒品造成的神志恍惚，休斯顿根本不在乎自己的个人卫生，整天邋邋遢遢地过日子。有时候她会在吸毒时小便失禁，于是顺手垫上一块婴儿用的尿不湿。不仅如此，她还拒绝家人帮自己做清洁，也拒绝去戒毒所接受治疗。休斯顿还会隔三岔五地"消失"，跑到外面，与"毒友"鬼混。此外，她在自己事业辉煌期间赚的千万身家，也几乎在毒品上面消耗殆尽。

朱洁，毕业于中央戏剧学院表演系，是个很有表演才能的

生命只有一次 且行且珍惜

漂亮女孩。她与著名演员江珊、徐帆、陈小艺等都是同班同学。在电影《长大成人》中，朱洁担任女主角，扮演一名吸毒女。这部影片也是朱洁的一部处女作。谁料到，在电影拍摄的过程中，朱洁假戏真做，染上毒瘾，结果电影还没上映，她已因吸毒过量而魂归天路。一场明星梦变成了一场令人心碎的噩梦。

2014年8月20日，台湾艺人大炳（余炳贤）因肺炎恶化，并发多重性器官衰竭，于北京病逝，年仅37岁。大炳是台湾有名的"谐星"。虽然才华横溢，但曾因吸毒，四次被警方抓捕的大炳，几乎毁掉了自己在台湾的演艺事业，也毁掉了自己年轻的身体，最终因毒丧命。

●●●●●

毒品害人，一直害到生命结束！因为毒瘾一旦染上，要戒断相当困难。在突然终止用药或减少用药剂量后发生，表现为全身疼痛、顽固性失眠、焦虑和内心渴求等。即使经过脱毒治疗，在其戒断反应基本控制后，要完全康复原有生理功能也往往需要数月甚至数年的时间。更严重的是，对毒品的精神依赖是难以得到消除的。这也是目前世界医药界所无法彻底解决的难题。这些反应让很多意志坚定的吸毒者也不得不屈服于毒品的淫威之下，成为毒品的奴隶，心甘情愿地被毒品掏空了身体，毁灭了生命！

（2）吸毒掏空钱财，诱发违法犯罪。

毒品很贵，谁都知道。而且只要一染上毒瘾，就戒除不了，就必须天天吸食，即便有万贯家财，也经不起天天这样糟践。再加上毒品吸得越久，需要的量也越来越大，所需的毒资就更多。身体被掏空，没法继续挣钱，毒资却越来越少。为了维持吸毒购毒的需要，许多吸毒人员走上以贩养吸、抢劫、盗窃、卖淫等违法犯罪道路。据统计，吸毒人员70%的毒资来自非法所得，一些地方"两抢"、盗窃案件60%系吸毒人员所为。吸毒是导致贩毒、抢劫、盗窃、卖淫甚至杀人等犯罪活动的重要诱因。

第七章
拒绝邪恶诱惑，自觉筑牢生命安全的防火墙

黄世孩、黄奕录、黄奕新因无钱吸毒，于是黄奕录提议抢劫。于一天上午11时许，由黄奕录提供刀具，三人持刀来到海口市秀英区南港码头旁边的临时码头，看见正在钓鱼的许某、严某，遂决定实施抢劫。黄世孩提出，由黄奕录、黄奕新对付严某，其对付许某。黄奕录持刀从背后用手勒住严某的脖子，严转身将其摔倒在地，黄奕新见状持刀冲上去并搂住严某，挣扎中，严某与被黄奕录一同掉进海里。同时，黄世孩持刀威胁许某，许被迫从口袋里掏出12元钱给黄世孩，接着用手抓住黄世孩，黄挣脱后将许某推入海里，然后捡起石头砸中许某头部。许某溺水致窒息死亡，死时58岁。21岁的黄世孩被判死刑，黄奕录、黄奕新也分别被判刑。

22岁的王某，因为染上了毒瘾，无钱买毒品，就回家来找最疼爱自己的爷爷奶奶要。本以为爷爷奶奶一定会给自己的，不想爷爷奶奶知道是购买毒品后，不仅没有给他钱，还骂了他，王某被激怒了，拿起一把黑剑刺死自己80多岁的爷爷奶奶。他的父亲随后赶来劝阻，也被王某用剑刺伤。之后他跳楼逃跑，摔下四楼身亡。家中一下子死去三人，重伤一人，一个好好的家，就此毁了。而一个年仅22岁的如花生命，也如烟消散。

像这样丧尽天良、为了毒品而抢劫亲人、杀害亲人的案件绝不是孤例，而是在全国各地时有发生，至于抢劫陌生人、预谋杀人抢钱、为筹毒资去贩毒卖毒、铤而走险的案例，就更是数不胜数，因为毒品而让自己生命消失、家破人亡的，更不在少数。

毒品的危害如此之深，如此之大，可还是有那么多人没有引起警惕，还在往吸毒这条不归路上挤，这两年相继爆出的无数起明星吸毒被抓的案例，这些明星吸毒不仅让自己的名声尽毁，形象受损，也断送了自己的演艺事业，还给社会上带来了不好的负面影响，从人人钦羡的光

生命只有一次　且行且珍惜

鲜舞台一下子跌落到深渊里，不知他们的心中，有多少后悔和伤心。

多少人成为毒品的奴隶，多少人被毒品结束了生命，多少人被毒品逼上了犯罪之路，多少个幸福美满的家庭妻离子散，多少财富烟消云散，多少人的辉煌前程和美好人生被毒品葬送！毒品所造成的人间悲剧一幕幕、一桩桩，令人惨不忍睹，让人叹息，让人伤怀，更应当让我们反省。所以，珍惜生命，就务必要远离毒品，防范毒品侵害我们。因而要做到：

（1）"四个牢记"。

一要牢记什么是毒品；二要牢记吸毒极易成瘾，并极难戒断；三要牢记毒品害己、害人、害家、害国；四要牢记吸毒是违法，贩毒是犯罪。

（2）永远不尝第一口。

要远离毒品，必须培养良好的心理素质。毒品的危害降临到某个人身上，往往与人的心理状况有密切关系。事实证明，很多人吸食毒品是心理堤防坍塌的直接结果。好奇心和冒险心往往成为毒品侵蚀的温床。要提高自己的自控能力，千万不要去尝试吸毒的滋味。千万不要相信"吸一口没事""吸一次不会上瘾"，要记住"吸了第一口，就没有最后一口"；千万不要相信"我吸了不会上瘾，我吸了能够戒掉"，要记住"吸毒犹如打开地狱之门"，任何人踏进去，都如同坠入灾难的深渊。为了终生远离毒品，不论出于什么动机，不论出现什么情况，我们都要坚定地把握住自己，永远不要去尝试第一口。

（3）正确面对困难和挫折，千万不能借毒消愁。

"人生不如意事十之八九"，困难和挫折是常有的事，要正确对待。人生是需要倾诉和帮助的。遇到困难和挫折，不要闷在心里，独自扛着。去找爱你的父母，去找你那些坚定正直的亲朋好友，向他们倾诉，寻求他们的帮助。或者听听自己喜欢的音乐，参加自己喜欢的体育活动等，分散你的注意力，排解烦恼，绝对不要用毒品来麻醉自己，逃避现实，回避困难。当别人用毒品来引诱你、安慰你时，一定要意志坚定，坚决拒绝。

（4）保持健康向上的生活方式。

空虚、无聊、寻求刺激、追求时髦是一部分人走上吸毒道路的原因。为此，我们应该树立正确的人生观，热爱生命，热爱学习，热爱工作，热爱生活，在健康、充实的生活中体味人生的乐趣。

（5）慎重交友。

调查显示，大多数吸毒人员是在"朋友"的引导下坠入毒品深渊的。为此，要想终生免受毒品侵害，重要的一条就是要慎重交友，交益友而不交损友，并且时时警惕，拒绝毒品。结交朋友要慎重，有烟瘾的朋友不要轻易接受自己不熟悉的人的香烟，千万不要听信对方"试一次上不了瘾"的鬼话，就毒品而言，试一试的念头想都别想。

（6）远离不健康的娱乐场所。

当前社会上一部分娱乐场所管理混乱，黄、赌、毒等不良行为甚至违法犯罪活动猖獗，一旦走进去就有可能身不由己，陷入深渊。因此，要想洁身自好，当你想去娱乐场所放松身心的时候，就一定要有所选择。尤其是青少年，千万不要涉足那些不健康的场所。

远离赌博，别让生命滑入欲望的深渊

赌博现象的出现应当很早，最初可能是先民们茶余饭后的一种游戏。"博"最早出现于先秦时期的典籍，由"博"字引申而来，写为"簿"。"赌博"一词最早出现在唐宋时期，《唐律疏议》中有"博戏赌

生命只有一次 且行且珍惜

财物"条,"博"与"赌"同时出现于一个法律条文中,可以说这是"赌博"一词的雏形。《说文解字》解释"赌博"一词为"博骰也",是一种赌博的方法。

而《辞海》解释为:"一种不正当的娱乐,有斗牌、掷骰子等各种形式,用财物做注来比输赢。"这个解释说明了赌博的实质。

赌博,说白了就是一种贪得无厌的占便宜心理,一种好吃懒做希望得点好处的投机行为。为了使这种投机性更有吸引力,赌注就下得越来越大,以赢来吸引人参与,而真正参与的人,永远是输多赢少,最终的结果是许多人一夜暴富的梦想成了空,一夜输得干干净净的事情却比比皆是,有的甚至连自己的老婆孩子都输给了别人,连生命都输给了别人!而因为赌博弄得家破人亡、体伤身残的人,更是数不胜数。

小池生于赌博世家,3岁即上牌桌,20年浸淫其中,其牌技自然高超。对于赌博中的各种"千术"也会不少。每次打牌,都能以自己的高超技术赢得不少钱。小小年纪在这个城市也有了不小的名气,小池就有些自高自傲起来。

有一次打牌,用千术赢了不少。后来输家故意设局将他钓到外地的一个地下赌场。他一进屋就知道坏了,对方拿着枪逼着,玩也得玩,不玩也得玩,想走是不可能的,他就硬着头皮上阵。

其实对方早就识破了他的"千术",在打第三局时,对方说,不赌钱了,赌命。小池虽然害怕,但也没办法,只好签了生死合同。就在他玩千术的时候,对方直接把他给绑了起来,拉到一个偏僻的宾馆里,把十个手指都钉在墙上,毒打一顿,人被打得就剩下一口气。之后砍了他的双手,准备再把他沉到河底去。幸运的是,巡逻民警路过时发现情况可疑,进屋将其解救了出来,并将凶手抓了起来。但小池的双手永远地废了,什么千术也玩不了了,连基本的生活都不能自理。

第七章
拒绝邪恶诱惑，自觉筑牢生命安全的防火墙

正像人们常说的，"赌"字头上一把刀，被"杀"者不乏其人。小池虽然还留了一条命，但此生就此毁了，这样活着更受折磨。

有的人因为赌博，失去工作，丧失信心；有的人因为赌博，输尽所有，倾家荡产，妻离子散；有的人搭上性命，家毁人亡；有的人丧心病狂，挥刀相向……

现年36岁的许某，本是某水厂职工，却不务正业，沉迷赌博不能自拔，家中的钱财被他输干输尽，原本还算富裕的家一贫如洗。其妻姜某曾多次劝阻许某戒赌，但是，嗜赌成性的许某那里听得进去这金玉良言，姜某每一提及都被许某拳打脚踢，忍无可忍的姜某向他提出离婚。这更惹怒了许某，许某以"离婚就杀你全家"相威胁。迫于无奈，韦某只好委屈维持婚姻。

但许某毫无悔改之意，不仅把家中财物尽数输尽，还贷款赌博。姜某苦劝无果，对许某彻底绝望，于是弃家出走，并从外地打电话告诉许某，表示离婚之意已决。许某遂萌发了报复的念头。这天又赌输5000元的许某满腔怒火，加上喝了点酒，心中迁怒于姜某，于是怒气冲冲地带水果刀赶到岳父家，将岳父、岳母及妻弟媳残忍地杀害。随后，许某畏罪自杀。酿成一起惨烈的家庭悲剧。

而29岁的小余则亲手毁掉了自己的幸福。原本是要结婚的两个人，因为小余染上了赌瘾，在半年之内将双方父母准备的买婚房和置办婚礼的钱输得一干二净。未婚妻劝他戒赌，他竟然恼羞成怒，连刺未婚妻10余刀，致其不治身亡。自己也身陷牢狱，将付出生命的代价。这一切，全是因为赌博。

赌博就像一个陷阱，一旦沾上，就会越陷越为深，沉迷其中，任谁劝也不愿回头，九头牛也拉不回来。不输得干干净净不知道下桌子，不弄得家破人亡不知道后悔。赌博就和吸毒一样，当你染上这种恶习之后，便会越陷越深。一旦进入赌场，就变成了利益竞逐的地方，参赌者都想要赢对方的钱,心中就会转生出无穷的恶念。赢者想赢更多,输者想赢回来,一赌起来常常是通宵达旦,最终染上赌瘾,再也回不了头。

从古至今,赌博就是被人们深恶痛绝的行为。因为赌博的危害实在是不能小觑。古人云:"天下之倾家者,莫速于博;天下之败德者,亦莫甚于博。"有一首《戒赌诗》对于赌博的危害说得更透彻:

贝者是人不是人,
全因今贝起祸根;
有朝一日分贝了,
到头做个贝戎人。

其中的"贝者""今贝""分贝""贝戎"分别是指的"赌""贪""贫""贼",也就是说,赌博的人看着是人其实已经不是人了,为什么把自己都弄得不像人了呢?全因为心中的贪欲,到有一天输得干干净净,一贫如洗了,就会偷窃抢劫,无恶不作,成为贼了!真实地反映了赌博的危害和后果。前人总结了赌博的具体危害,分为:

(1)坏心术。

一旦赌博,心中千方百计地在想要赢对方的钱财,虽然是至亲至朋对局赌博,也必定暗下戈矛,如同仇敌,只顾自己赢钱,哪管他人破产。为了赢钱不分亲朋好友,只问钱多钱少,千方百计地想捞对方一把。一旦染上了赌瘾,哪怕是倾家荡产,家破人亡也要干下去。

(2)坏品行。

俗话说"赌博场上无父子",一旦走上赌场,人就会六亲不认,不管是谁,都不会顾及半分。父子赌,哥弟赌,亲戚赌,没有长幼、尊卑的之分,彼此任意嘲笑,随便称呼。一心只想赢钱,完全不顾人伦道德,能欺就欺,能骗就骗,玩把戏,出老千,各种丑恶劣行,全部展示出来,完全丧失了基本的诚信道德。在赌场之中,只是问钱少钱多,还容易产生好逸恶劳、尔虞我诈、投机侥幸等心理,摧毁我们的道德观,扭曲我们的价值观。

第七章
拒绝邪恶诱惑，自觉筑牢生命安全的防火墙

（3）伤性命。

赢钱的人乘兴而往，不分昼夜；输钱的人拼命再来，不顾饥寒；不断消耗，疲惫精神。有的人连赌几天几夜都不下桌子，不眠不休，不吃不喝，身体极度消耗，长此以往，必定会损害健康，疾病上门。而且心理上也因为承受巨大的压力，而导致一些不良的心理，甚至自杀、杀人。有的老人赌博时受到刺激，当场死在赌桌上。

（4）生贪欲。

赌博助长不劳而获的习气，老想着投机取巧，一本万利，一夜暴富。有时小赢一把，会让他感觉钱财得来容易，更生贪欲，越贪越想赌，越想获取高额的回报，最终把自己毁灭在欲望里。

（5）离骨肉。

赌博忘记了工作，忘记了责任；忘记了父母，忘记了妻子孩子，使家庭失去了天伦之乐，变成了苦海；只顾自己的豪爽，不顾家人的怨气，至使骨肉分离，妻离子散。更有甚者，酿成惨不忍睹的家庭悲剧。

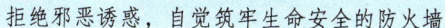

　　李龙原是一名吊车司机，技术好，工资高，人也帅，和妻子结婚后，很快有了儿子小龙，一家人过得开心幸福。但自从染上赌瘾后，李龙完全变了，一年四季都泡在赌场里，不去工作，不管家庭，家里的存款被他输得精光，妻子多次苦劝无果，无奈扔下儿子离家出走。李龙却仍然不思悔改，继续狂赌，家产输光后，李龙借了赌场的高利贷赌博，却没法还清。为了躲避高利贷，在外地流浪好长一段时间，并开始盗窃，以筹得赌资。春节期间，本来儿子是盼着他回家过年的，他也答应了儿子要回家过年的，却因翻窗入室行窃，被抓捕归案。

　　12岁的儿子听说父亲因为赌博和偷窃进了牢狱，对父亲彻底绝望了，小小年纪的他竟然喝农药自杀了。李龙得知儿子不幸的消息，在看守所里失声痛哭，整日以泪洗面，最终变得疯疯癫癫，在监狱里他还不停地念叨着已经死去的儿子。但任他如何愧疚，都无法唤回儿子了。

妻离子散，家破人亡，这是很多赌徒最终的结局。这是多么可悲的事情啊。

（6）损钱财。

赌博是不可能赢钱的，更不可能发家致富。这个道理其实很简单。因为赌场上的钱不过是在几个赌徒是流动，绝不会增值的。赌场上的钱就像几个杯子里的水倒来倒去，不管怎么倒，都绝不会多倒出来，只会越倒越少，因为倒的过程中会洒掉一些。洒到哪里去了呢？

一些是被赌场"抽了水"，一些是被赢了钱的人自己挥霍掉了。今天我输，明天你输，赢了的兴高采烈，以为赚了，胡乱请客，大手大脚乱用，因为轻易得来的绝不会珍惜。这样一来，几个人的钱其实全被不经意间浪费掉了。赌得越久，只会让钱财损失得越多。开始时，还能气势豪壮，挥金如土，面不改色；到后来输多了因而情急，就把家庭财产甚至集体财产、国家财产作为赌注，越赌越惊心。

（7）耗时间。

迷上了赌博，就会大量浪费时间，有的通宵达旦，以至于严重影响学习、工作、生活，玩物丧志。赌钱的人不分昼夜地围在赌博的桌边，雄心勃勃地想捞一把，而时间一长就会产生疲惫情绪，即使在上班的时候也是心不在焉，神思恍惚。还有一些人甚至把赌博当成一种职业，成年累月的不务正业，浪费了大好的时光，终其一生，一事无成。

（8）生事故。

赌博经常是通宵达旦，盗贼每每乘机偷盗；煤气忘关，常常因此而发生火灾、毒死人。还有的歹徒乘机使计偷盗，有的因赌博反目成仇，使用暴力，打架斗殴，杀人放火，有的因缺赌资参与偷抢等犯罪活动而锒铛入狱……只要嗜赌，就难免会生出各种各样的事故。

据报道，深圳就发生过这样一起惨剧。由于母亲专注打麻将无心管孩子，2岁的孩子独自在家中玩水。孩子爬上水桶昏

第七章
拒绝邪恶诱惑，自觉筑牢生命安全的防火墙

水时，栽入装有水的水桶中溺死了。

可见，赌博之害人，比水火盗贼更厉害。无论任何方式的赌博，都祸害无穷。按理说，现代人从中是可以得到足够的教训的。但是，令人遗憾的是，仍然有人执迷不悟，抱着侥幸心态，总希望财运降临而厄运回避。及至输光，悔之已晚。俗话说："酒越喝越厚，钱越赌越薄。"赌博只能害人、害己、害国家、害社会，又何曾有过什么好处呢？

赌博危害之大，除了年幼无知和白痴的人以外，大家都知道其中的利害关系。有澳门"赌王"之称的何鸿燊经营着多家赌场，但他自己从不参赌，也不允许家人参赌。因为他比谁都明白赌场上"十赌九输"，到头来再大的家业也能败光，甚至连生命也会丢下。

所以，珍爱生命，就不能把生命浪费在赌博场上，就不能任由赌博毁掉我们美好的生活，就要远离赌博，戒除赌博。为了自己的生命，为了自己的家庭，为了自己的未来，与赌博恶习一刀两断，洁身自好，克制贪欲，别妄想不劳而获，要用勤劳为自己换得美好的明天。

别让"网瘾"伤害生命

所谓"网瘾"，即"互联网成瘾综合征"，英文为 Internet Addiction Disorder，简称为 IAD。基本症状是上网时间失控，欲罢不能，可以不吃饭不睡觉，但是不能不上网。染上网瘾者即使意识到问题的严重性，也仍无法自控。网瘾者离开了网络就无所适从，甚至影响生活质量，降

生命只有一次 且行且珍惜

低工作效率，常表现为情绪低落、头昏眼花、双手颤抖、疲乏无力、食欲不振等，并出现各种行为异常、人格障碍、交感神经功能部分失调。

染上网瘾的大多是青少年，主要原因是从小接触网络，对网络较为熟悉，加之网络游戏的强大吸引力、学习的压力及周围同学的人际关系等，使他们更愿意在网络上去寻找安慰，因而染上网瘾。对于很多成年人来说，主要是由于对网络过于依赖，或是过于沉迷于网络上的某一些自己非常感兴趣的东西，如游戏、电影甚至是QQ聊天等，产生强烈的依赖，一离开就会觉得浑身不舒服，最后，只有依靠网络才能正常工作和生活。

有网瘾的人，习惯于天天泡在网上，不愿动，也不愿干其他的，甚至连工作和学习也置之不顾，不仅极大地影响了工作和学习的效率，对于生命健康的影响也极为严重。这几年经常看到因为连续上网而发生猝死的案例，提醒我们网瘾的巨大危害。

2015年3月27日凌晨，上海松江小昆山镇一网吧内，一名24岁的小伙上网时突然吐血，120到场后，确认其已死亡。现场监控显示，该男子已连续上网19小时，事发时正在打游戏。而这名青年是这个网吧的常客，经常在这里打游戏，有很严重的网瘾。

像这样因为连续上网而猝死的案例绝不是孤例，而是时常发生。

2011年2月，在北京朝阳区崔各庄乡的一间网吧内，一名30多岁的男子因连续上网数天，晕厥于网吧中，后经抢救无效死亡。据其他上网者称，近一个月，该男子沉迷于打网游，花费万余元。

2013年11月，南京某网吧内一名正在上网的中年男子忽然倒地不起。民警到场时，只见一名40岁左右的中年男子已经小便失禁，躺在地上没有任何反应。网吧工作人员说，这名

第七章
拒绝邪恶诱惑，自觉筑牢生命安全的防火墙

男子上午就来了，该男子连续上网5个小时。120急救车迅速送往医院抢救，但也未能挽回生命。医生表示，死亡原因可能跟长时间连续上网有关。

2014年2月，43岁王姓男子到一网吧上网，一坐便超过12小时，晚间9时左右，有顾客见他眼睛瞪大一动也不动，觉得怪异便通知店员，店员上前察看，才发现他已身亡，吓得急忙报警。

案发后店内客人若无其事，距离两三个座位旁还有人继续上网，甚至看网络影片，丝毫不在意几米外就是尸体，还有客人态度冷漠地表示："没想太多，反正不关我的事情，既然付了钱就继续打游戏！"

可见网瘾不仅是伤害心志，让人意志消沉，理想缺失，更严重的还会伤害生命，导致猝死。上网时间过长、过于沉迷于网络，就等于是在自杀！而网瘾的危害还不仅止于此。

（1）染上网瘾者情感淡漠。

成瘾者对网友如胶似漆，相比之下对有血肉联系的亲人则显得更为冷漠。网络成瘾者情绪低落时也不向家人和朋友表露，把情绪隐藏起来，转而在网上倾吐和宣泄。另外，网络成瘾者由于家人对其上网的限制而与家人时常发生冲突。玩掉孝心、玩掉亲情。心理变态，灵魂扭曲，人格分裂；冷酷无情、道德沦丧；对亲人视若路人、反目成仇。

（2）染上网瘾者人际交往范围变窄。

网络成瘾者往往寻求较高的社会赞许性，但在现实生活中的交往却遇到了相对较多的困难，从而产生严重的社交焦虑。网上社交的游刃有余与现实生活的不断遭受挫折，两者的反差势必导致更多的重复上网行为。网络成瘾者将自己的人际交往转入虚拟的网络空间，现实的人际关系逐渐疏远或恶化，对周围的人和环境采取逃避或对抗的态度。另外，网络成瘾者的语言表达能力下降，出现人际交往障碍。

(3) 网瘾导致人格变异。

因为上网成瘾，花钱很多，为了获取上网的钱，就会撒谎，以各种借口骗取上网费用。多次欺骗之后，往往不再有人信任。于是就会产生偷盗行、抢劫甚至杀人等犯罪行为，滑向违法犯罪的深渊。

自从上中专时和同学第一次在网吧上网后，齐辉的大部分时间就"交"给了网络。只要一下班就在网上泡着，网瘾越来越大，一天不上网就浑身难受。

2010年12月初，他拿着刚领的1000多元工资辞职了，随后一直待在网吧上网，累了就在网吧的椅子上歇会，实在撑不住了，就到附近的小旅馆开个房间。不到十天，他的身上只剩下不到100元钱。从哪儿弄点钱呢？一个邪恶的念头在齐辉的脑子里生根、发芽了。他决定抢劫工厂大门口的三轮车夫。

2010年12月26日晚上8点多钟，齐辉走出了网吧，在一个地摊上买了一把折叠刀。他叫了一辆车，故意说了一个偏僻的地址，到半路上趁路灯昏暗，他假装小便，骗驾驶员停车，上车时他掏出刀子，向着驾驶员的脖子、头部等部位猛扎过去，那人轰然倒地，"我也不知道扎了多少刀"，当刀尖被扎弯了，再也扎不进去了，齐辉才停下手来。这时，躺在地上的驾驶员已经没了气息。

回到小旅馆时，齐辉身上多了120元钱和半盒红旗渠香烟、一个打火机。他洗了个澡，把衣服上的血迹简单清理了一下，又走进了网吧，"我睡不着，在网上我的情绪会更安定些"。

之后他在网吧被捕，法院一审判决构成抢劫罪，判处死刑，剥夺政治权利终身。一个19岁的如花少年，就这样被网瘾毁掉了生命。

还有一些未成年人因为向父母或是爷爷奶奶索要上网费不成而杀害长辈的报道，更令人发指，可见网瘾的危害多么大。

第七章
拒绝邪恶诱惑，自觉筑牢生命安全的防火墙

（4）严重危害身体健康。

经常上网，导致不能按时按量就餐，造成营养不良，影响身体健康。由于长时间注视电脑显示屏，视网膜上的感光物质消耗过多，导致视力下降、眼痛、怕光、暗适应能力低等。由于经常熬夜、睡眠不足，造成生物钟紊乱。具体表现为：精神萎靡、昏昏欲睡；体内激素失衡、植物神经紊乱；产生焦虑、忧虑情绪，从而诱发神经官能症、心理疾病、精神疾病等。上网时间过长还会导致手腕关节不适、腰酸背痛、注意力不集中、紧张、焦虑、失眠及心情抑郁等症状。

网瘾的危害不可小觑，珍惜生命，呵护健康，保护自己也保护幸福的生活，就要减少网络依赖，戒除网瘾。具体可以从以下方面做起：

第一，不要把上网作为逃避现实生活问题或者消极情绪的工具。

第二，上网之前先订目标。每次用两分钟时间想一想你要上网干什么，把具体要完成的任务列在纸上。不要认为这个两分钟是多余的，它可以为你节省的可能不止 60 分钟。

第三，上网之前先限定时间。看一看你列在纸上的任务，用一分钟估计一下大概需要多长时间。假设你估计要用 60 分钟，那么把小闹钟定到 30 分钟，到时候看看进展程度。如果嫌用闹钟麻烦的话，可以在电脑中安装一个定时提醒的小软件，在上网的同时打开，这样就能有效控制你的上网时间了。

第四，正视沉迷于网上的危害。沉迷于上网，会使人迷失于虚拟世界，自我封闭，与现实世界产生隔阂，严重影响工作和学习，影响正常的生活，甚至影响家庭，导致夫妻关系破裂。久而久之，还会影响正常认知、情感和心理定位，导致人格的偏离，甚至发生不可设想的后果。有的因上网成瘾，神情恍惚，人格扭曲，同事关系紧张，工作没有效率，最终失业；有的无钱上网，拦路抢劫，偷窃财物，导致违法犯罪。即使上网没有成瘾的人，如果每天 12 个小时坐在电脑面前，很可能会让自己少活 8 年以上时间。

第五，以新代旧。要戒除网络依赖，就要注意培养新的爱好和习惯，多参加一些自己喜欢的活动，多做一些自己感兴趣的事情，用自己的新行为和习惯来代替上网习惯。

第六，科学合理安排上网时间。每周最多3~5次，每次上网的时间不超过2小时，且连续操作1小时后应休息15分钟。尤其是夜晚上网时间不能过长。

第七，限制上网内容。每次上网前，一定先明确上网的任务和目标，把要完成的具体任务和内容列在纸上，不迷恋网上游戏。

第八，寻求别人的支持和帮助。戒除网瘾，寻求别人的支持和帮助非常必要，最好的办法是找到一个人帮助你克服这个问题。这种支持可来自父母、朋友和爱人，可先向他们说明自己控制上网的计划，请他们监督；当网瘾出现时，请他们及时提示，帮助克服网瘾，摆脱对网络的依赖，享受正常的人生。

小心"手机依赖症"，使用不当也要命

智能手机的出现，彻底改变了我们的生活。现在手机不再是简单的通讯设备了，它已渗透到社会生活的方方面面。然而，手机在给我们的生活和工作带来便捷的同时，也让我们对它的依赖达到了无可救药的地步。看电子书、刷微博、聊微信、玩游戏、购物……智能手机层出不穷的新功能，让人们和它的关系越来越密切，但同时也埋下隐患——一不小心就会被手机"奴役"，患上"手机依赖症"。

第七章

拒绝邪恶诱惑，自觉筑牢生命安全的防火墙

有媒体报道了这样一条新闻："一家人聚餐，饭桌上老人多次想和孙子孙女聊聊天，但面前的孩子们却个个抱着手机玩，老人受到冷落后，一怒之下摔了盘子离席。"有网友开玩笑说："世界上最遥远的距离莫过于我们坐在一起，你却在玩手机。"

确实，举目望去，不论是在地铁、公交车站，还是在商场、社交场合，甚至在工作时，不同年龄、不同装扮、不同表情的人，手里都拿着手机。不拿手机的人，实在少得可怜。随处可见低头专心看手机的人。离不开手机、手机成瘾的人越来越多。

美国马里兰大学曾对10个国家的1000名学生做了一项名叫"无设备世界"的调查，让他们在一天之内不使用包括手机在内的任何多媒体设备。结果显示，离开了手机让他们"坐立难安"。一名参与项目的学生说："过了一阵，我就开始强烈想念我的手机。平时我会把它放在口袋里，手握住它，这样就能让我感到莫大的安慰。"

最近的一项调查显示，77%的人每天开机12小时以上，55%的人24小时开机。从使用年限上看，94%的人使用手机在5年以上。而当被问到"如果去一个遥远的地方公干或度假，你最希望带上的是什么"时，手机成为超过60%被调查者的首选；并且，有65%的人表示，如果手机不在身边，会产生焦虑情绪。可见，因频繁使用手机而引起的心理依赖现象正在人群中蔓延。

据统计，截至2014年12月，我国网民规模达6.49亿，其中手机网民5.57亿，而手机依赖症患者队伍也在日益壮大。羊城晚报健康周刊与搜狐健康频道曾联合举办过一次关于"你是否离不开手机"的调

查，结果显示，超过九成人离不开手机。其中，学生族和上班族是对手机最依赖的人群。他们表示，跟自己的手机短暂分开就会感觉难以忍受。有人把它当玩具，有人把它当工具，甚至比情人还情人，不可一日无此君。一旦离开手机，就会心里发慌，行为失控，无所适从。吃饭、睡觉、走路、上班、如厕都离不开手机，连走路甚至开车，都在低头看手机。公交、地铁、马路、餐桌、会议室甚至厕所等场所总有不少人在双眼紧盯手机屏幕，刷微博、聊微信、看新闻、玩游戏……因为玩手机太过痴迷而导致各种事故，甚至丢掉性命的事情也时见报道。

　　据媒体报道，不久前，湖北十堰一名17岁女生与同伴外出聚餐时，一边走路一边玩手机，一脚踩空，跌入十五六米深坎不幸身亡。一同伴转身跳下相救，落在深坎中间一个平台上，造成腰椎骨折、右踝骨骨折。

　　在深圳，一女子在路过鸿基大厦附近时，被一辆公交车撞倒，而撞倒的原因疑为该女子过马路时玩手机，未能及时避开。

　　在北京，一名带小孩的年轻女子因低头看手机，致小孩走失，至今未能寻到。

　　在南京，一名年轻的小伙子过路时低头看手机，被对面开来的大客车撞倒，当场身亡……

多么深刻的教训，多么惨烈的伤痛！都是如花似玉的生命，都是开心快乐的日子，因为迷恋手机而失去了一切！

手机虽好，但也需要正确使用，才能成为我们的工具，对我们有利，不然我们就会成为它的奴隶。像边走路边看手机，匆匆瞥一眼前方的路，连头都没来得及抬，又继续看手机；红灯变绿灯，可手机里的内容正看得尽兴，不行，刷完这一页再走，直到绿灯就剩十几秒了，才不情愿地迈着慌乱的步子朝前赶；陪伴侣逛街，只顾埋头盯着手机，不管边上的那个人说什么，都只是敷衍地点头，或完全没反应；在车站等车，本想赶时间，却因为埋头玩手机，错过了该上的那班车；手机里的

第七章
拒绝邪恶诱惑，自觉筑牢生命安全的防火墙

游戏玩得正激烈，一会儿驻足，一会儿急走，游戏结束，猛然抬头，却发现已经走到了马路的中央……一名客运司机在高速上开车斗地主，罔顾全车乘客生命；山东航空乘务人员航班飞行过程中玩手机被曝光后停飞，被网友称"这是在拿生命开玩笑"……这样沉迷于手机，哪能不出事故？哪能会有安全？生命怎么可能会有保障？手机依赖症，该治治了！

要防范手机依赖症，专家们给出了以下几个方法：

（1）把手机装在包里，而不是拿在手上。

拿在手上会让人们时刻意识到手机的存在，一旦离开，就会产生较为严重的"分离焦虑"。不妨放在包里，调一个响亮些的铃声，这样既可以避免漏接电话，也可以减轻对手机的依赖。

（2）注重面对面交流。

平时要多培养自己沟通的技巧，多和现实中的人去接触，这样不仅有助于增加亲密感，也可以改善自己性格上的缺陷。每天留出一定时间和家人交流，规定自己在交谈的时间内，除了接必需的电话，不可以玩手机。

（3）"脱敏"疗法。

如果你真的离不开手机，不妨尝试从短时间的"脱敏"疗法开始。还可以在不影响工作的情况下，每月实行一天"无手机日"，专心陪伴家人，或者做一些自己喜欢的事情。

（4）该关机时就关机。

要舍弃手机基本是办不到的，对付手机依赖还得靠自己。要充分认识到手机只是一个工具，不能让它主导你生活的一切。该关机时就关机，没必要24小时都守着手机。即便天塌下来，你关了手机也不会有太大的影响。

（5）最大限度减少手机使用率。

尽量减少自己对手机的依赖，能见面聊的就绝对不用手机。尽量抽时间去拜访朋友，和他们约一个地方，来一番海阔天空的畅谈。少用手

机上网，把手机的功能限定在通话和联系上，删除其他功能。能不用手机时就不用。

（6）采用其他的联系方式。

如固定电话、电子信箱、QQ或是写信、直接拜访，都可以达到和手机通讯相同的效果。平时注意扩大自己的交际圈，定时和几个固定好友小聚谈天来排解抑郁的情绪，使自己从对手机的沉迷和依赖中走出来，重新投入生活的乐趣之中。

如果自己的症状严重且无法进行自我调节时，应及时就医，请心理医生给予治疗，让自己及早回到生活中来。

遵纪守法，不伤害别人才不会伤害自己

中国有句古话说"杀人偿命，欠债还钱，天经地义"。意思是说，杀人偿命和欠债还钱，那是天理，是不需要任何辩解就可以执行的绝对公理。特别是杀人偿命，似乎从古至今，就是不容任何置疑的天理。只要杀了人，就要偿命，一命偿一命，谁也不吃亏，在执行死刑的时候，杀人之人会受到更严厉的处罚，承受更惨烈的痛楚，比如千刀万剐之刑等。虽然今天的社会法制日渐健全，也更人性化，但对于惩处犯罪，一样严厉和冷酷，绝不会姑息和迁就，杀人一样需要偿命，犯罪一样会得到严惩。每年因为犯罪而被判处死刑的也并不少。在每年判处死刑的犯罪中，"故意杀人"必然是犯人被判死刑的其中一个重要理由。这几年被判极刑的绝大部分都是故意杀人犯罪。

第七章

拒绝邪恶诱惑，自觉筑牢生命安全的防火墙

2013年9月25日上午10时，北京市第一中级人民法院对大兴摔婴案犯罪嫌疑人韩磊做出一审宣判。法院以犯故意杀人罪，判处被告人韩磊死刑，剥夺政治权利终身。2013年7月23日20时50分，韩磊在大兴区科技路公交车站因不满一名推着婴儿车的女士（被害人的母亲）挡道，双方发生争执。过程中韩磊将该女士打倒后，又将婴儿车内两岁的女童摔在地上，导致女童严重受伤，后因抢救无效死亡。

2014年2月17日，广西贵港市中级人民法院就平南县公安局民警胡平故意杀人案做出一审判决，以故意杀人罪判处其死刑，剥夺政治权利终身。胡平因醉酒携枪闯入一米粉店内枪击米粉店店主夫妇，致一人死亡一人受伤。

2015年1月8日，上海市高级人民法院公开宣判，复旦大学研究生林森浩以投毒方式故意杀害同室同学黄洋一案二审，维持一审死刑判决，剥夺政治权利终身。

伤害别人，最终伤害的其实是自己。你伤害他人，他人的生命凋谢在你的罪恶里；你的生命被正义惩罚，这是你原该为你的罪恶付出的代价。然而不管怎么惩罚，逝去的生命永远不会再回来了，你自己的生命也会随之而逝。有什么意义呢？

因而，珍爱生命，就不能违法犯罪，就需要遵纪守法，需要安分守己，不惹事不招谁，循规蹈矩，遵守一切法律的规定，不做任何伤害别人的事情，这样才能保证自己的安宁，不必受到法律的惩处，不会伤害到自己。

要减少犯罪，远离邪恶，呵护生命。在平常的生活中，我们要注意调节自己的情绪，提升自己的素养，养成宽容、和善的性格，不要争强好胜，心胸狭窄。要力行"十戒"，远离犯罪，保护自己。

一戒娇，不要好逸恶劳，要积极参加劳动，养成劳动习惯，自立自强，不管什么事情都能自己做，并且做好；敢于正视挫折，不怕困难，不怕失败，提高自己的忍耐力。

二戒奢，不羡慕富贵，不爱慕虚荣，不崇尚奢华，克勤克俭，学会理财，量入为出。

三戒惰，养成勤奋努力的好习惯，上班就专心致志，有自己的目标，有自己的理想，并且为自己的理想付出扎实的努力，踏踏实实做好每一件事情。

四戒骄，不骄不傲，不狂不躁，谦虚谨慎，行事低调。不想着处处占上风，适当低头，适时服软。要相信有时候退一步，海阔天空，没有必要处处都一定要抢个赢头。

五戒贪，别指望天上掉馅饼，天下没有免费的午餐，别贪小便宜，贪小便宜往往吃大亏，赚钱要光明正大，堂堂正正地靠自己的本事赚，别老想着贪。

六戒纵，任何时候懂得自制自律，不放纵自己，遵纪守法，安分守己，不该动的不动，不该要的不要，不该做的不做，让自己的一切行为都符合法律规范和社会规则。

七戒谎，很多时候，说谎就是犯罪的开始，很多犯罪都是从说谎话开始的。常言说得好，一个谎言需要无数个谎言来圆。所以远离犯罪要从诚实守信开始，不管什么事情，实事求是地说，不要夸大其词，更不要谎话连篇。

八戒妒，常言说，嫉妒是心灵的毒药，人一生嫉妒，整个天空都会变得黑暗。所以要心胸宽阔，志向远大，学会看清自己的不足，认识别人的长处，见贤思齐，努力赶超，而不是心生嫉恨，暗怀敌意。

九戒赌，前面我们说过，赌博是许多严重犯罪的直接诱因，一旦陷入赌博的深渊，很难自拔，往往也就离犯罪不远。要远离犯罪，必须先远离赌博。

十戒毒，毒品毒害的不仅是我们的身体，还有我们的心灵。因毒致幻、因毒致恶、因毒致六亲不认的事比比皆是，再被毒瘾逼迫，还有什么样的事是不能做出来的？想想都觉得毛骨悚然。所以，务必要拒绝毒

第七章

拒绝邪恶诱惑，自觉筑牢生命安全的防火墙

品，爱护生命。

生命是自己的，保护生命，是天赋的使命，是我们自己的天职。人只有一次生命，人死了再也不会复生，我们应该珍爱自己的生命，远离一切生命的威胁。有一个"阴阳棒"的故事，说的是有个神仙，他有个阴阳棒，用一头可以把活人点死，另一头可以把死人点活。其实这个阴阳棒就是我们的法律，违法犯罪，我们就只能走上一条通向地狱的路；遵纪守法，我们就能活得平安喜乐，幸福久远。相信我们每一个人都懂得这一点。

珍爱生命，杜绝轻生

自杀是现代社会人类的十大死亡原因之一，并已排为15~35岁间的青年人死因的前3位。据统计：全世界每年约有100万人死于自杀，平均40秒左右就有1人死于自杀，每3秒1人自杀未遂。

在我国，自杀是全国人口死亡原因第五位，15~34岁人群的首位死因。我国每年有28.7万人死于自杀，200万人自杀未遂，每两分钟就有1人死于自杀，8人自杀未遂。其中有150万人因家人或亲友自杀出现长期而严重的心理创伤，其中有16.8万小于18岁的孩子的父亲或母亲死于自杀。

因自杀而亡的名人，古今中外数不胜数：

海明威，闻名世界的伟大作家。于1961年7月用双管猎枪结束了自己的生命。

亚里士多德，希腊著名哲学家。于公元前322年在厄里帕海峡跳海自杀，终年62岁。据说他自杀时说道："愿厄里帕的水吞没我吧，因为我无法理解它。"

川端康成，日本著名作家，诺贝尔文学奖获得者。于1972年4月16日深夜煤气自杀身亡。

凡·高，世界著名印象派画家。一生穷困，枪击腹部自杀身亡。

马雅可夫斯基，苏联著名诗人。饮弹自杀身亡。

安东尼，古罗马统帅。用罗马方式拔剑自杀。

希特勒，战争狂人，第三帝国领袖，第二次世界大战发起者之一，因为战争失败，与情妇在苏军攻入柏林前夕服毒自尽。

库尔特·科班，涅槃乐队前主唱，因不堪忍受药物及成功带来的压力，拔枪自杀。

奥地利皇子克隆普林茨·鲁道夫，著名的"茜茜公主"的儿子。于1889年1月30日上午8时10分，被人发现其与情人在住所开枪自杀。

陈布雷，蒋介石的秘书，吃安眠药自杀身亡成为一时之轰动新闻。

翁美玲，香港著名影星。代表作有《射雕英雄传》。因感情问题开煤气自杀身亡。

三毛，台湾著名女作家，剧作家。用丝袜上吊自杀身亡。

陈宝莲，香港著名艳星。因产后抑郁症于2002年在上海跳楼自尽。

张国荣，香港著名歌星，影星。因抑郁症等原因于2003年4月1日跳楼自尽，成为当月最大新闻。

项羽，西楚霸王。因与刘邦在垓下交战失利四面楚歌，自认无颜见江东父老而拔剑自绝。

第七章
拒绝邪恶诱惑，自觉筑牢生命安全的防火墙

明朝崇祯皇帝，上吊自尽于煤山歪脖子树。

老舍，中国著名小说家、剧作家。代表作有长篇小说《骆驼祥子》、话剧《茶馆》等。于1966年8月24日因不堪迫害投北京太平湖自杀。

海子，现代著名诗人。于山海关卧轨自尽。

顾城，现代著名诗人，后移居新西兰某岛。砍死其妻并自尽。

王国维，近代著名国学大师，著有《人间词话》。于1927年6月2日自沉颐和园。

傅雷，1908年生，上海南汇县人。著名翻译家。自缢身亡。

阮玲玉，中国早期著名影星。因感情问题自杀身亡，死前留言"人言可畏"。

周瘦鹃，鸳鸯蝴蝶派作家。在苏州周家花园跳井身亡。

范长江，著名新闻记者、新闻学家。自杀身亡。

……

为什么有这么多的人选择自杀呢？从现实情况分析，自杀主要是因为有如下一些心理因素：

（1）厌世感。

怀才不遇，忍辱负重，屈服于外界压力，受到不公正的待遇又无力抗争，自感"低人一等"，失去学习或生活乐趣，把自己看成"多余的人"，为度日如年而自杀。

（2）极乐感。

择偶受干扰，不能爱自己所爱，或婚后婚姻不美满；或第三者涉足家庭，为与第三者共同实现"生不能成夫妻，死同穴"的"极乐世界"；或者是找到新的信仰，自以为会登极乐而自杀。

（3）罪孽感。

平时作恶多端，横行乡里，罪行累累，深知法网恢恢，为了逃脱惩

罚而畏罪自杀。

（4）冲动感。

在家庭父子之间、夫妻之间、兄弟之间、叔伯之间，或工作单位同志之间和社会的邻里之间由于争吵怒气难消，尤其自感"吃亏""气"，由于一时感情冲动自杀。

（5）失落感。

自尊心人人皆有，尤其对于一向"广播有声，报纸有名"的名人，倘若屡遭挫折，名落孙山，容易自认为"无颜见江东父老"，极端的自尊心也可能驱使他自杀。

（6）从众感。

平日称兄道弟，讲"江湖义气"的青少年团伙，一旦为首者产生邪念，其他成员易言听计从，盲目从众而自杀。

（7）抑郁感。

因为患上抑郁症无法走出来而自杀。

很多自杀者都有抑郁症病史，患上抑郁症以后会对自己的人生甚至整个社会充满悲观甚至绝望，某些症状（如失眠、腰疼、胸口疼等）治疗无效也可引起绝望；抑郁症患者认为由于自己的过错导致许多人遭受痛苦，只有以死来谢罪；在自责的基础上，抽象地刻画自己，认为自己是丑恶的，甚至感到面孔变形，从而产生轻生念头，一遇到促发因素，自杀就不可避免。近几年我们看到很多官员自杀的案例，有很多都是有抑郁倾向的患者。据统计，抑郁症患者的自杀百分率占所有自杀者总数的10%～30%，甚至高达半数。抑郁症患者的自杀率高于一般人口的50倍，抑郁症患者中约15%最后死于自杀。我们看到的相关自杀报道中，也往往都有"抑郁"的前提。

2014年5月4日下午，《都市快报》副总编徐行自杀离世，年仅35岁。徐行是为《都市快报》新媒体项目领军人，自杀前工作压力巨大，患抑郁症，长期失眠。

第七章

拒绝邪恶诱惑，自觉筑牢生命安全的防火墙

2014年8月28日，青年翻译家孙仲旭因抑郁症在广州自杀辞世，享年41岁。其子向业内人士证实这一说法，并称"爸爸已经解脱了"。其翻译出版的主要作品有奥威尔的《一九八四》《动物农场》《巴黎伦敦落魄记》，伍迪·艾伦的《门萨的娼妓》，奈保尔的《作家看人》，以及塞林格的《麦田里的守望者》等，总计30多部。

2015年3月14日，曾担任《向东是大海》《那样芬芳》《北上广不相信眼泪》等电视剧的执行导演李晓因抑郁症在家自尽离世，终年42岁，留给家人和朋友无尽的伤痛。

自杀对个人、家庭、工作场所、邻里和社会各阶层均造成深重的影响。1897年，法国社会学家埃米尔·迪尔凯姆写下了著名的社会学著作《自杀论》。他在书中写道："自杀是'任何由死者自己完成并知道会产生这种结果的某种积极或消极的行动直接或间接地引起的死亡'。"在分析了自杀的原因和规律后，他认为，"自杀必须列为不道德的行为"，因为自杀伤害的不仅是自杀者自己，还对其周围的人以及社会造成了极大的伤害。

自杀绝不单纯是对个体生命的损害，更严重的是给家人、社会带来一系列的隐痛。据世界卫生组织的估计，一个人的自杀会使6个家人或朋友的生活深受影响。根据这一推算，中国每年有150万人承受着自杀事件带来的严重心理创伤。根据世界卫生组织的统计，在每年疾病给中国造成的经济负担中，自杀带来的经济负担占1/5，占第一位。所以，自杀绝不仅是个人的事。

生命的意义不仅属于自己，还属于家庭，属于父母，属于爱人，属于孩子，属于每一个关心你、爱你的亲朋，更属于整个社会。千万不要以为结束了自己的生命便可一了百了，自己解脱了，但家人呢？朋友呢？爱人呢？孩子呢？你的自杀行为，不论成功与否，都会让亲人们伤心无助到极点，甚至也会跟着产生强烈的抑郁情绪。关注生命，珍爱生命，爱护家人，就要消除心魔，远离抑郁，拒绝自杀。平时多注意以下

几个方面：

第一，学会倾诉，别闷在心里。生命可贵，当面对流言、困苦、挫折、失败时，学会苦中作乐，通过多种渠道释放不良情绪。如向亲友诉说，找一个知心朋友聊聊，适当地把心里的委屈和难过都说出来，这样就会感到轻松许多，心理的压力也会减轻不少，而且也许还能够得到朋友的帮助和劝慰，更加有助于心理平衡。

第二，大哭一场。要是心里实在委屈或是伤心，压力巨大，就找一个没有人的地方大哭一场，把心里所有的痛苦都哭出来，这样，就会感到心情轻松很多，头脑也会渐渐地冷静下来，然后再去想怎样面对和处理问题。

第三，适当发怒。不要把所有的事情和不满都放在心里，要学会适当地发怒，把情绪宣泄出来，告诉别人你的不满和愤怒，怒火一旦发泄出去，就不存在日积月累的问题了。但是不要只图一时之快，要适当合理，切忌不要给别人带来伤害。

第四，多参加各种各样的文娱活动。参加娱乐活动对人的心理健康是十分有益的，因为当你在娱乐活动的时候，会忘却烦恼，心情也会愉快。

第五，回归大自然。到大自然中去是解决烦恼的好办法。因为大自然有净化心灵的作用。当情绪十分低落、心理压力巨大的时候，不妨到郊外、到山水间走走，寻找一些心理的平和、恬淡。

每个人既是自己的不良情绪的宣泄者，又是其他人不良情绪的被宣泄者。在这种情况下，要懂得体谅他人，将心比心，学会换位思考，要有耐心、细心、同情心，并富有爱心。要愿意并能够听别人诉说，给别人一些合理化建议并进行适当疏导和安慰，这样才能做对方的知己，为对方也为自己创造一个好的心理环境。

生命是宝贵的，生命对于每一个人来说都只有一次，永远不会重来。一定要懂得珍惜，绝不自轻自贱，轻视生命。只有珍惜生命的可贵，才会活出生命的精彩！

第八章
学会自救互救，为生命撑起最后的保护伞

  有一个故事说几个学者坐船，问船夫什么是哲学，船夫说不知道，学者们纷纷叹息：那你已经失去了一半的生命。这时一个巨浪打来，小船被掀翻了，船夫问："你们会不会游泳啊？"学者们都说不会。船夫叹口气说："那你们就失去了全部的生命。"可见自救的能力才是生命最重要的保护伞，只有自己才是最可靠的救星，珍惜生命务必要学会自救的知识和技能。

1 掌握报警程序，危急时刻紧急求救

自救的第一步，是掌握正确的求助和报警程序，在事故发生或是未发生前紧急求救，以保得生命安全。

事故发生后，任何人只要有条件，第一件事都应当是及时报警。常见的报警号码有以下几个：

119——火警报警电话

120——医疗急救指挥中心电话

122——交通事故报警电话

999——紧急救援电话

110——报警服务电话

拨打这几个电话，不用拨区号并免收电话费；投币、磁卡电话不用投币插磁卡，是极为方便的紧急情况求助电话。

除了清楚知道什么时候应当紧急拨打以上电话外，安全生产事故还要牢记单位应急指挥中心的电话号码。因为只有及时地将情况报告给相应的上级领导，才能迅速地实施应急救援，挽救尽可能多的损失。

一般人员必须清楚以下内容：

①现场报警方式，如电话、警报器等；

②24 小时与相关部门的通信、联络方式；

③相互认可的通告、报警形式和内容；

④手机不需要有信号也可以报警，而且 119、120、122、110 四台

第八章
学会自救互救，为生命撑起最后的保护伞

联动，遇到重大灾祸时，拨打任何一个都能得到帮助，但必须说清需要什么性质的救助。

报警的内容包括：

①发生事故的具体地点和时间；

②事故类型，如火灾、爆炸、中毒等；

③发生事故的可能原因，影响范围；

④有无人员伤亡；

⑤事故的现状、严重程度，及其他相关情况。

报警求助电话，争分夺秒，语言必须清楚、准确，最忌语无伦次。因此，报警者一定要保持镇定，抓紧时间把事情说清楚，无关的话不要讲。

（1）拨打"110"报警电话的要点：

拨通"110"电话后，应再追问一遍："请问是'110'吗?"一旦确认，请立即说清楚发案、灾害事故或求助的确切地址。

简要说明情况。如果是求助，请说清因为什么事；如果是发生了案件，则说明歹徒的人数、交通工具和作案工具等情况；如果是灾害事故，请说清灾害事故的性质、范围和损害程度等情况。

说清自己的姓名和联系电话，以便公安机关与你保持联系。

如果歹徒正在行凶，拨打"110"报警电话时要注意隐蔽，不让歹徒发现。

报警后，如果没有特殊情况，应留在报警地等候民警。有案发现场的要保护好现场，不要随意移动任何物品。

（2）拨打"119"报警电话的要点：

火灾最无情，"报警早，损失少"，一旦发现火情，既要积极扑救，又要及时向消防部门报警。《中华人民共和国消防法》明确规定：任何人发现火灾时，都应当立即报警。任何单位、个人都应无偿为报警者提供便利，不得阻拦报警。其报警具体方法为：

拨打火警电话，要沉着镇静，听见拨号音后，再拨"119"号码。

拨通"119"后,应再追问一遍对方是不是"119",以免拨错电话。

准确报出失火的地址(路名、弄堂名、门牌号)。如果说不清楚时,请说出地理位置,说出周围明显的建筑物或道路标志。

简要说明由于什么原因引起的火灾和火灾的范围,以便消防人员及时采取相应的灭火措施。

不要急于挂电话,要冷静地回答接警人员的提问。

电话挂断后,应派人在路口接迎消防车。

发现火灾应及时报警,这是每个公民应尽的消防义务。中小学生也要养成及时报警的好习惯,担当起一份公民的责任。

(3)拨打"120"急救电话的要点:

"120"电话是国际通用的医疗救护电话,是居民日常生活中寻求医疗急救的专用电话。

拨通"120"后,应再问一句:"请问是医疗急救中心吗?"以免打错电话。

说清需要急救者的住址或地点、年龄、性别和病情,特别是发病症状,以利于救护人员及时迅速地赶到急救现场,争取抢救时间。

说清自己的姓名和联系电话号码,以便救护人员和你保持联系。

(4)拨打"122"交通报警电话的要点:

如果发生交通事故,就得想办法赶紧报警,或向旁人求助报警。

准确描述出事地点,有利于122接警员及时调派民警赶赴现场。要注意观察交通标志。在城市主要干道内,可观察附近的交通标志牌、指路牌确定自己的位置。还可注意观察周围典型地物标志。当附近没有明显的交通标志时,就要借助周围的一些典型地物来辨别方位,如商场、写字楼、加油站,或者看看附近是否有河流。在高速公路及国道上,可根据路边表明公里数的标志牌的界碑来确定位置。

简单描述事故。发生事故后,报警人要沉着、冷静,说明事故地点、方向、人员伤亡情况。车辆损坏程度、能否驶离现场、是否需要清

第八章
学会自救互救，为生命撑起最后的保护伞

障车等信息对交管部门指挥中心调派警力及疏导交通都很有帮助。

说明肇事车辆的车牌号码、车型和颜色。

（5）拨打全国专用特殊电话"112"线电话的要点：

112专线是全国各地通用应急线路，在手机打开后即使没有接收信号，甚至电力极为微弱，任何厂牌的手机在任何地点皆可拨通。拨出112后，马上会进入语音说明如下：这里是行动电话112紧急救难专线，如果您要报案，请拨0，我们将会为您转接警察局；如果您需要救助，请拨9，我们将会为您转接消防局。中文讲完后，会以英文重述一遍。此时只要拨0或9，一定会有人接听。

•••••

有三位自驾游的朋友不慎连人带车跌落150米深的山谷，受困四日三夜后，才获救。其间，他们曾多次想以手机向外求救。无奈一只被摔坏，一只没电了，一只收讯不良。他们还多次移动位置以寻找较佳的收发信号地，但都不成功。如果这三位人士平常就知道112专线，紧急时刻也能知道如何用那只收讯不良的手机拨出112专线，一定会很快获救。

•••••

这就是缺少安全知识的后果。以三位人士所处的情况，或登山迷途或遭遇其他困境时，应拨9，将可获得及时的救助。

不管拨打什么样的电话报警或是求助，一定要在就近的地方，抓紧时间报警，越快越好。任何有电话的单位、个人及公用电话都应为报警人提供方便。

报警时要按提示讲清报警求助的基本情况；现场的原始状态如何；有无采取措施；病人或是现场的基本情况；需要什么样的帮助、具体详细的地点等。打110还要提供报警人的所在位置、姓名和联系方式，犯罪分子或可疑人员的人数、特点、携带物品和逃跑方向等。

无特殊情况，报警后应在报警地等候，并与报警电话及时取得联系。有案发现场的，要注意保护，不要随意翻动。除了营救伤员，不要让任何人进入。有病人需要急救的，要做一些临时的抢救，如心肺

复苏等,一直等到救援人员到来。但不会急救的人,不可随意乱动病人。

风灾时的紧急避险和自救互救

风灾是自然界常见的灾害,分飓风、龙卷风、台风等。不同的风灾时要有不同的对策,逃生自救。

(1) 遭遇飓风自救互救方法:

飓风是产生于热带洋面上的一种强烈热带气旋,也叫台风。飓风经过时常伴随着大风和暴雨或特大暴雨等强对流天气,会给人们的生产生活带来灾难性的破坏。飓风的危害与魔鬼堪有一比。它所经之处,房屋被摧毁,道路被淹没,树木被连根拔起,船只被抛至岸边。飓风还常常引起大范围的洪涝灾害,甚至导致海啸、山崩、泥石流和滑坡等严重的自然灾害。所以防范和自救很重要。

如果在未来的24小时至36小时内有飓风来临,那么当地的天气预报就会发出飓风预防。如果飓风来临时间在24小时之内,将会发出飓风警报,要随时了解最新消息,做好一切准备工作。

躲开飓风即将经过的路线。远离海滨,那将被破坏,并伴有洪水,远离入海口的河岸。

在家的话把整个建筑物的窗户钉住或者完全堵住。用胶带粘贴窗户将无济于事。把诸如垃圾箱、花园椅子等户外用具搬入室内,以防止被狂风卷上天空。

第八章
学会自救互救，为生命撑起最后的保护伞

关好门窗，检查门窗是否坚固；取下悬挂的东西；检查电路、炉火、煤气等设施是否安全。躲入地下室，最好离开有门窗的地方，因为飓风有可能掀起整个房顶。

飓风引发的风暴潮容易冲毁海塘、涵闸、码头、护岸等设施，甚至可能直接冲走附近的人。飓风来临前，海涂养殖人员、病险水库下游的人员、临时工棚等危险地段的人员都应及时转移。

沿海乡镇在飓风来临前要加固各类危旧住房、厂房、工棚、临时建筑、在建工程、市政公用设施（如路灯等）、吊机、施工电梯、脚手架、电线杆、树木、广告牌、铁塔等，千万不要在以上地方躲风避雨。

如在海上，放下船帆，封住船舱，把所有的工具收藏好。

如在户外，可躲到洞穴或沟渠，如果暂时没有藏身之处，可平躺在地面上，这样会使你减少被乱飞的碎物击中的危险。

如果暂时安全最好待着别动，哪怕飓风似乎已经过去。因为一般在风眼过去后，通常平静不到一个小时，风就会从相反方向刮来。

飓风带来的暴雨容易引发洪水、山体滑坡、泥石流等灾害，大家心里要有这根弦，发现危险征兆应及早转移。

（2）龙卷风逃生方法：

龙卷风是一种威力非常强大的旋风，多发生在春季。当地表的空气被加热，柱状空气从积雨云风暴的上部下降时，龙卷风发展的迹象就变得非常明显——空气低压区域开始剧烈旋转。龙卷风是最剧烈的大气现象，在小区域上空出现龙卷风则会造成最严重的破坏。在地面，龙卷风所过之处除最坚固的建筑物外，一切都将被吸进空中。在龙卷风袭来时，如何有效地保护自己呢？

龙卷风袭来时，应打开门窗，使室内外的气压得到平衡，以避免风力掀掉屋顶，吹倒墙壁。在室内，迅速撤退到地下室或地窖中，或到最接近地面的房间内，人应该保护好头部，面向墙壁蹲下。迅速到东北方向的房间进行躲避，远离门窗和房屋外围墙壁等可能坍塌的物体，尽可

能用厚外衣或毛毯等将自己裹起，用以防御可能四散飞来的碎片。跨度小的房间要比跨度大的房间安全，贵重物品要向楼下转移，也可放在洗衣机、洗碗机等电器里。

在野外遭遇龙卷风时，记住要快跑，但不要乱跑。应以最快的速度朝与龙卷风前进路线垂直的方向逃离，也就是向龙卷风前进的相反方向或者侧向移动躲避。

来不及逃离的，要迅速找一个低洼地趴下。正确的姿势是：脸朝下，闭上嘴巴和眼睛，用双手、双臂保护住头部。

遇到龙卷风时，一定要远离大树、电线杆、简易房等，以免被砸、被压或触电。不要待在大篷车或轿车内，风暴可能会将其掀上半空。乘坐汽车遇到龙卷风，应下车躲避，不要留在车内。

躲避龙卷风最安全的地方是混凝土建筑的地下室或半地下室，简易住房很不安全。注意千万不要待在楼顶上。

风灾中遇到电力设施受损，则现场隔离范围应离开断线处 8~10 米。如果看到裸露的电线或电火花，或闻到焦煳的气味，立即关闭主电路上的电闸。当发现户外高压线路倾斜或短路出现火花时，应立即拨打电话将事故地点报告电力部门。还要在附近竖立明显的标志牌，以免闲杂人等进入触电。外出时，发现有线路断裂，应一面拨打抢修电话，一面防护，提醒路人及时避开。驾车出行时，如果电线掉在你的车前，不能下车，要绕开并继续往前开，直到离开电线为止。千万不要看见危险扬长而去，这样会留下事故隐患。

第八章
学会自救互救，为生命撑起最后的保护伞

3

洪水来临如何自保求生

受到洪水威胁，如果时间充裕，应按照预定路线，有组织地向山坡、高地等处转移；在措手不及，已经受到洪水包围的情况下，要尽可能利用船只、木排、门板、木床等，做水上转移。

洪水来得太快，来不及转移的人员，要就近迅速向山坡、高地、楼房、避洪台等地转移，或者立即爬上屋顶、楼房高层、大树、高墙等高的地方暂避。如洪水继续上涨，暂避的地方已难自保，则要充分利用准备好的救生器材逃生，或者迅速找一些门板、桌椅、木床、大块的泡沫塑料等能漂浮的材料扎成筏逃生。

如果已被洪水包围，要设法尽快与有关部门取得联系，报告自己的方位和险情，积极寻求救援。注意千万不要游泳逃生，不可攀爬带电的电线杆、铁塔，也不要爬到泥坯房的屋顶。

如已被卷入洪水中，一定要尽可能抓住固定的或能漂浮的东西，寻找机会逃生。

发现高压线铁塔倾斜或者电线断头下垂时，一定要迅速远避，防止直接触电或因地面"跨步电压"触电。

在确保自己安全的前提下，帮助别人。

地震时的自救方法和求生诀窍

地震造成的损失要比大火、洪水大得多，往往会使整座城市处于瘫痪，大地震可使整个城市顷刻之间化为废墟。因此，一旦发生了强烈地震，很难立刻得到救援。地震时的伤亡，主要是地震引起的火灾和房屋崩塌造成的。

一般来讲，从地下初动到房屋开始倒塌会有一个短暂的时间差，一般为12秒，专家们称之为求生时间。只要事先掌握一定的避震知识，地震来临时抓住时机，冷静判断，正确选择避震方式和避震空间，就有可能劫后余生。

避震要点：震时就近躲避，震后迅速撤离到安全地方，是应急避震较好的办法。避震应选择室内结实、能掩护身体的物体下（旁）、易于形成三角空间的地方，开间小、有支撑的地方，地处开阔、安全的地方。

①要躲在坚固的家具下；
②赶紧熄火，关闭火源；
③不要仓皇逃出室外；
④发生火灾立即扑灭；
⑤要徒步避难，尽量少携东西；
⑥严禁在狭窄的地面、墙根、悬崖或河边停留；
⑦注意山崩和地裂；

第八章
学会自救互救，为生命撑起最后的保护伞

⑧在海边要防海啸，在低洼地要防水淹；

⑨不要害怕余震，不要听信谣言；

⑩保持秩序，注意安全。

要避免地震的灾害，最有效的办法是依靠自己，以自己的力量做好预防灾害和自救的准备。具体做法如下：

为了您自己和家人的人身安全请躲在桌子等坚固家具的下面。大的晃动时间约为1分钟，这时首先应顾及的是您自己与家人的人身安全。首先，在重心较低且结实牢固的桌子下面躲避，并紧紧抓牢桌子腿。在没有桌子等可供藏身的场合，无论如何，也要用坐垫等物保护好头部。

摇晃时立即关火，失火时立即灭火。大地震时，也会有不能依赖消防车来灭火的情形。因此，我们每个人关火、灭火的这种努力，是能否将地震灾害控制在最低程度的重要因素。从平时就应养成即便是小的地震也关火的习惯。为了不使火灾酿成大祸，家里人自不用说，左邻右舍之间互相帮助，力争早期灭火极为重要。

不要慌张地向户外跑。地震发生后，慌慌张张地向外跑，碎玻璃、屋顶上的砖瓦、广告牌等掉下来砸在身上，是很危险的。另外，水泥预制板墙、自动售货机等也有倒塌的危险，不要靠近这些物体。

将门打开，确保出口。钢筋水泥结构的房屋等，由于地震的晃动会造成门窗错位，打不开门。曾经发生有人被封闭在屋子里的事例。请把门打开，确保出口备好梯子、绳索等。

（1）正在学校上课时的避震方法：

如果发生地震时，你正在教室里上课，就地避震是上策，而任课教师则要临时承担组织指挥者的责任。遭遇地震时，正在上课的教师应立刻向学生们大喊"卧倒!""躲到书桌下!""别动!""卧着别动!"等。要不停地喊叫直到震动完全停止。

蹲下的姿势是在桌子或写字台下，将一条胳膊弯起来护住眼睛不让玻璃进入眼中，另一只手抓紧桌腿或写字台的一边；在家具下的另外一个安全姿势是静坐入定式，这时双手都能自如地抓住写字台或桌子

的腿。

地震时在一把椅子或排椅之间蹲下也是安全的姿势。在某些学校实际上只有扶手上带有一块写字板的椅子，高中生或大学生不可能躲藏在书桌下面，但可利用排椅保护自己。在大型课堂，排椅提供了一个非常好的藏身之地，学生们可以躲到座位下，也可躲在排椅之间。

（2）正在楼房内时避震方法。

要保持清醒的头脑，迅速远离外墙及其门窗；可选择厨房、浴室、厕所、楼梯间等开门小而不易塌落的空间躲震。千万不要外逃或从楼上跳下，也不能使用电梯。如果你在办公室里，就赶紧藏到办公桌下，不可站立和蹦跳，要尽量降低重心。地震过后要迅速撤离办公室，撤离时要走楼梯。

大家切忌不要跳楼，也不要贸然向外逃，应当保持头脑冷静，就近选择避震地方。在单元楼房内，选择开间小的洗漱室及厕所为好，况且上下水管道、暖气管道也能起到一定的支撑和拉扯阻挡的作用。

（3）正在平房里面时的避震方法。

应当充分利用12秒时间跑出室外，来不及跑时可躲在桌子下、床下及紧挨墙根的坚固家具旁。趴在地上，闭口，用鼻子呼吸，保护要害，并用毛巾或衣物捂住口鼻，以隔挡呛人的灰尘。正在用火时，应及时关掉煤气开关或电门开关，然后迅速躲避。

（4）正在车间工作时的避震方法。

正在工厂的生产岗位时地震来了，必须保持冷静，迅速就地避震，千万不要乱跑。一定要采取紧急措施，使仪器、机床断电并停转。随手关闭易燃、易爆及有毒气体阀门。随即在机械设备下躲避。

（5）正在公共场所时的避震方法。

在群众集聚的公共场所遇到地震，最忌慌乱。如果一哄而起发生乱冲乱撞、互相拥挤会导致人身伤亡，并造成人为的损失。地震时处在车站、商店、地铁等场所的人员，切忌乱逃生，要保持镇静。就地择物（排椅、柜架、桌凳等）躲藏，伏而待定。在饭馆中就藏在桌子下。在

第八章
学会自救互救，为生命撑起最后的保护伞

剧院、体育馆、体育场火警机场内，就藏在排椅之间，千万不能乱跑、乱挤。在影剧院，正常的散场时间需几十分钟，震时如果混乱，发生挤、踩、砸、撞，极有可能产生不必要的伤亡。

（6）正在户外时的避震方法。

如果你在户外，不要冒着大地抖动的危险进屋去抢救，而是就地蹲下。匆忙进入或离开建筑物时，砸伤砸死的概率很大。

要停留在开阔的地带，远离建筑物或高压电线。震时照明最好用手电筒，不要使用蜡烛、火柴等明火。

地震时汽车是一个非常安全的地方，停车系好安全带滞留在车内。

骑自行车的人遇到地震，会使重心不稳，左右摇摆，难以控制，要赶快下车，按序停放并就地蹲下。

在街道上行走，要避开电线变压器、烟囱及高大建筑物。正在行驶的车辆要紧急停车并设法停在开阔处。车上乘客要抓住座椅或车上的牢固物件，不要急于下车。

应远离石化、化学、煤气等易爆有毒的工厂或设施，遇火情不可处于下风，宜躲避在上风有水处。要密切注意滑坡和泥石流，若遇到这些情况，应立即沿斜坡的横向水平方向撤离。

避震时，要注意保护好头部。用枕头顶在头上，用面盆顶在头上，用书包顶在头上或用双手护住头部。

（7）地震时被压在废墟下的自救、互救方法。

破坏性地震发生后，被埋压人员能否得到迅速、及时的抢救，对于减少震灾死亡意义重大。

从唐山大地震统计资料得知：地震后半小时内救出的被埋压人员生存率可达95%，24小时内救活率为81%，48小时内救活率为53%，由此可见，地震后及时组织自救、互救是非常重要的，对埋压者来说，时间就是生命。

①自救方法：

自救是指被压埋人员尽可能地利用自己所处环境，创造条件，及时

排除险情，保存生命，等待救援。

地震时如被埋压在废墟下，周围又是一片漆黑，只有极小的空间，你一定不要惊慌，要沉着，树立生存的信心，相信会有人来救你，要千方百计保护自己。

地震后，往往还有多次余震发生，处境可能继续恶化。为了免遭新的伤害，要克服恐惧心理，坚定生存信念，稳定下来，尽量改善自己所处环境，设法脱险。此时，如果防震包在身旁，将会为你脱险起很大作用。如一时不能脱险，不要勉强行动，应做到：

首先，要保障呼吸畅通。设法将双手从压塌物中抽出来，清除头部、胸前的杂物和口鼻附近的灰土，移开身边的较大杂物，以免再次被砸伤和倒塌建筑物的灰尘窒息；闻到煤气、毒气时，用湿衣服等物捂住口、鼻。

其次，不要使用明火（以防有易燃气体引爆），尽量避免不安全因素。

避开身体上方不结实的倒塌物和其他容易引起倒塌的物体；扩大和稳定生存空间，用砖块、木棍等支撑残垣断壁，以防余震发生后，环境进一步恶化。

再次，设法脱离险境。如果找不到脱离险境的通道，尽量保存体力，用石块敲击能发出声响的物体，向外发出呼救信号，不要哭喊、急躁和盲目行动，这样会大量消耗精力和体力，尽可能控制自己的情绪或闭目休息，等待救援人员到来。如果受伤，要想法包扎，避免流血过多。

最后，维持生命。如果被埋在废墟下的时间比较长，救援人员未到，或者没有听到呼救信号，就要想办法维持自己的生命，防震包的水和食品一定要节约，尽量寻找食品和饮用水，必要时自己的尿液也能起到解渴作用。

②互救技巧：

互救是指灾区幸免于难的人员对亲人、邻里和一切被埋压人员的

第八章 学会自救互救，为生命撑起最后的保护伞

救助。

震后，被埋压的时间越短，被救者的存活率越高。外界救灾队伍不可能立即赶到救灾现场，在这种情况下，为使更多被埋压在废墟下的人员，获得宝贵的生命，灾区群众积极投入互救，是减轻人员伤亡最及时、最有效的办法，也体现了"救人于危难之中"的崇高美德。因此，在外援队伍到来之前，家庭和邻里之间应当自动组织起来，开展积极的互救活动。救助工作的原则是：

根据"先易后难"的原则，应当先抢救建筑物边沿瓦砾中的幸存者和那些容易获救的幸存者；

先救青年人和轻伤者，后救其他人员；

先抢救近处的埋压者，后救较远的人员；

先抢救医院、学校、旅馆等"人员密集"的地方。

抢救出来的轻伤幸存者，可以迅速充实扩大互救队伍，更合理地展开救助活动。

合理科学的救助方法可以更多更好地救出被埋压人员，因此掌握一定的技巧和要领是保持救助成果的必要条件。

救助被埋压人员要注意如下几点要领：

注意搜听被压人员的呼喊、呻吟或敲击的声音；

根据房屋结构，先确定被埋人员位置，再行抢救，不要破坏了埋压人员所处空间周围的支撑条件，引起新的垮塌，使埋压人员再次遇险；

抢救被埋人员时，不可用利器刨挖等，首先应使其头部暴露，尽快使埋压人员的封闭空间打通，使新鲜空气流入，挖扒中如尘土太大应喷水降尘，以免埋压者窒息，迅速为埋压者清除口鼻内尘土，再行抢救；

对于埋在废墟中时间较长的幸存者，首先应输送饮料和食品，然后边挖边支撑，注意保护幸存者的眼睛，不要让强光刺激；

对于颈椎和腰椎受伤人员，切忌生拉硬拽，要在暴露其全身后慢慢移出，用硬木板担架送到医疗点；

一息尚存的危重伤员，应尽可能在现场进行急救，然后迅速送往医

疗点或医院。

在救人过程中千万要讲究科学，对于埋压过久者，不应暴露眼部和过急进食；对于脊柱受伤者要专门处理，以免造成高位截瘫。

遭遇泥石流时如何脱离险境

泥石流是山区沟谷或斜坡上由暴雨、冰雪消融等引发的含有大量泥沙、石块、巨石的特殊洪流。泥石流常与山洪相伴，其来势凶猛，在很短时间里，大量泥石横冲直撞，冲出沟外，并在沟口堆积起来。泥石流的破坏性很强，冲毁道路，堵塞河道，甚至淤埋村庄、城镇，给生命财产和经济建设带来极大危害。那么，遇到泥石流如何避险？必须做到以下几点：

在沟谷内逗留或活动时，一旦遭遇大雨、暴雨，要迅速转移到安全的高地，不要在低洼的谷底或陡峻的山坡下躲避、停留。

留心周围环境，特别警惕远处传来的土石崩落、洪水咆哮等异常声响，这很可能是即将发生泥石流的征兆。

发现泥石流袭来时，要马上向沟岸两侧高处跑，千万不要顺沟方向往上游或下游跑，要往与泥石流成垂直方向的两边山坡高处爬。来不及奔跑时要就地抱住河岸边上的树木。

尽可能逃离发生泥石流的区域，切勿穿越低洼地区或者桥梁，逃离危险区域后，马上爬到最近的一个制高点。

万一不幸陷入泥石流，应当立即使整个身体抱成一团，用自己的双

第八章
学会自救互救，为生命撑起最后的保护伞

手保护好头部。

逃生时，切勿惊慌失措，应从容观察泥石流可能前进的方向，不要顺着泥石流可能倾泻的方向跑，不要在树上和建筑物内躲避，泥石流不同于一般洪水，其流动途中可摧毁沿途的一切障碍，要向泥石流倾泻方向的两侧高处躲避。

应避开河、沟弯曲的凹岸或地方狭小、高度不足的凸崖，因为泥石流有很强的掏刷功能及直进性，这些地方很危险。不要过多顾忌财产，因收拾细软被泥石流吞噬的事例数不胜数。

一些依山傍水的村庄或建筑物以及建在山上的宿舍，遇到连续的暴风雨后应格外防范，做好有组织的防范措施。

逃出时尽量多带些衣物和食品，由于滑坡使交通不便，救援困难。泥石流过后一般天气阴冷，要防止饥饿和冻伤。

不要再闯入泥石流发生过的地方，因为有时泥石流会间歇发生。

如果泥石流使江流堵塞，那么洪水迟早会泛滥，因此必须在洪水来临之前疏散人口。应跑向离泥石流发生地较远处的安全高地或河谷两岸的山坡高处躲避泥石流。野外露营时避免宿营在有滚石和大量堆积物的山坡下面，而应选择平整的高地为夜晚露宿的地方。

火灾事故中的逃生自救方法

火灾事故是人们日常生活和生产中最常见的一类事故，它以危害面大、祸及范围广、损失严重而令人闻之色变。对于一个企业而言，火灾

生命只有一次 且行且珍惜

事故造成的危害更是不言自明，轻则使工厂遭受严重的经济损失，阻碍工厂正常的生产进度；重则可以使一个大企业付之一炬，将企业推上倒闭之路。一旦发生火灾事故，往往造成巨大的财产损失或人员伤亡。因而防火工作是企业安全生产的一项重要内容。

2005年10月11日凌晨，哈尔滨市一居民楼发生特大火灾。该火灾造成5人死亡，另有10余人入院治疗。

2005年12月15日16时58分，吉林省辽源市中心医院住院楼发生火灾，辽源市公安消防支队和吉林省公安消防总队接到报警后，先后调集辽源和长春、四平、通化四个消防支队50余部消防车、200余名消防官兵投入灭火救援战斗。经过消防官兵的奋力扑救，及时救出150余名被困人员，大火于21时20分被扑灭，过火面积5714平方米。截至16日早上8时，经现场搜救，发现24具尸体，经医院抢救无效死亡14人，共计死亡39人。

可见企业一旦发生火灾，后果相当严重。对于事故现场的应急处置也要掌握应急逃生技术，及时有效地进行处置，才能将损失减到最小。

火灾现场第一发现人员在确保自身安全的情况下，首先要拨打"119"火警电话进行报警，迅速启动火灾报警装置，同时报告现场值班人员或应急救援人员。

现场值班人员或应急救援人员接到火警报告后，应尽快查明火灾发生的具体位置、危险程度、受困人数等详细情况，并如实报告本单位事故应急救援组织部门。同时，拨打119火警电话和120急救电话；

如果火势较小，而且火场附近没有易燃、易爆或有毒的危险物品，在火灾现场的应急救援人员应尽快使用灭火器扑救初起火灾；

发生火灾后，除应急救援人员允许扑救现场初起火灾外，其他人员应向着背离火灾方向的逃生出口进行紧急疏散。在疏散过程中，每个人员都要注意用毛巾、衣服等捂住口鼻，防止吸入毒烟，发生中毒或窒息

第八章
学会自救互救，为生命撑起最后的保护伞

事故；

如果火势较大，现场应急救援人员应果断撤离，并将火场情况如实上报本单位应急指挥部门和到达现场的消防部门；

在有人员受伤的情况下，首先要抢救伤员；

到达安全地点的人员不得随意走动，要服从现场应急指挥部门发布的指令。

当你被困在火场内生命受到威胁时，在等待消防员救助的时间里，如果你能够利用地形和身边的物体采取积极有效的自救措施，就可以让自己命运由"被动"转化为"主动"，为生命赢得更多的"生机"。火场逃生不能寄希望于"急中生智"，只有靠平时对消防常识的学习、掌握和储备，危难关头才能应对自如，从容逃离险境。

（1）绳索自救法：

家中有绳索的，可直接将其一端拴在门、窗档或重物上沿另一端爬下。过程中，脚要成绞状夹紧绳子，双手交替往下爬，并尽量采用手套、毛巾将手保护好。

（2）匍匐前进法：

由于火灾发生时烟气大多聚集在上部空间，因此在逃生过程中应尽量将身体贴近地面匍匐或弯腰前进。

（3）毛巾捂鼻法：

火灾烟气具有温度高、毒性大的特点，一旦吸入后很容易引起呼吸系统烫伤或中毒，因此疏散中应用湿毛巾捂住口鼻，以起到降温及过滤的作用。

（4）棉被护身法：

用浸泡过的棉被或毛毯、棉大衣盖在身上，确定逃生路线后用最快的速度钻过火场并冲到安全区域。

（5）毛毯隔火法：

将毛毯等织物钉或夹在门上，并不断往上浇水冷却，以防止外部火焰及烟气侵入，从而达到抑制火势蔓延速度、增加逃生时间的目的。

（6）被单拧结法：

把床单、被罩或窗帘等撕成条或拧成麻花状，按绳索逃生的方式沿外墙爬下。

（7）跳楼求生法：

火场切勿轻易跳楼！在万不得已的情况下，住在低楼层的居民可采取跳楼的方法进行逃生。但要选择较低的地面作为落脚点，并将席梦思床垫、沙发垫、厚棉被等抛下做缓冲物。

（8）管线下滑法：

当建筑物外墙或阳台边上有落水管、电线杆、避雷针引线等竖直管线时，可借助其下滑至地面，同时应注意一次下滑时人数不宜过多，以防止逃生途中因管线损坏而致人坠落。

（9）竹竿插地法：

将结实的晾衣竿直接从阳台或窗台斜插到室外地面或下一层平台，两头固定好以后顺杆滑下。

（10）攀爬避火法：

通过攀爬阳台、窗口的外沿及建筑周围的脚手架、雨棚等突出物以躲避火势。

（11）楼梯转移法：

当火势自下而上迅速蔓延而将楼梯封死时，住在上部楼层的居民可通过老虎窗、天窗等迅速爬到屋顶，转移到另一家或另一单元的楼梯进行疏散。

（12）卫生间避难法：

当实在无路可逃时，可利用卫生间进行避难，用毛巾紧塞门缝，把水泼在地上降温，也可躺在放满水的浴缸里躲避。但千万不要钻到床底、阁楼、大橱等处避难，因为这些地方可燃物多，且容易聚集烟气。

（13）火场求救法：

发生火灾时，可在窗口、阳台或屋顶处向外大声呼叫、敲击金属物品或投掷软物品，白天应挥动鲜艳的布条发出求救信号，晚上可挥动手

第八章
学会自救互救，为生命撑起最后的保护伞

电筒或白布条引起救援人员的注意。

（14）逆风疏散法：

应根据火灾发生时的风向来确定疏散方向，迅速逃到火场上风处躲避火焰和烟气。

（15）"搭桥"逃生法：

可在阳台、窗台、屋顶平台处用木板、竹竿等较坚固的物体搭在相邻建筑，以此作为跳板过渡到相对安全的区域。

踩踏事故发生时的自救方法

踩踏事故是指在聚众集会中，特别是在整个队伍产生拥挤移动时，有人意外跌倒后，后面不明真相的人群依然在前行，对跌倒的人产生踩踏，从而产生惊慌、加剧拥挤和更多的人跌倒，并恶性循环的群体伤害的意外事件。

踩踏事故之所以发生，主要是因为人群较为集中时，前面有人摔倒，后面人未留意，没有止步，造成人群叠加摔倒而致。有时是会因为人群听到爆炸声、枪声，出现惊慌失措、骚乱等失控局面，在无组织无目的的逃生中，相互拥挤导致踩踏发生。还有的是因为人群集会时过于激动而出现骚乱，发生踩踏。总之，在人群密集的地方最容易发生踩踏。而且踩踏事故发生后，极易出现群死群伤的局面。世界各国都曾发生过踩踏事故，伤亡惨重。

生命只有一次　且行且珍惜

2006年1月，麦加附近梅纳山谷的加马拉桥发生挤踏事故，362名穆斯林朝圣者死亡。

2008年9月，在印度西部焦特布尔钱姆达庙踩踏事件中，147人死亡，55人受伤。

2010年7月，在德国杜伊斯堡露天音乐节踩踏事件中，19人死亡，342人受伤。

2010年11月23日凌晨，柬埔寨在首都金边钻石桥发生的踩踏事故中，遇难者375人，700多人受伤。

2010年11月29日12时许，位于新疆阿克苏市杭州大道的阿克苏第五小学发生踩踏事故，近百名孩子受伤被送往医院。

2014年12月31日晚23时35分许，上海外滩陈毅广场发生拥挤踩踏事故。造成36人死亡，47人受伤。

可见踩踏事故也是非常危险的。珍爱自己的生命，就要少去人多的地方，特别是在大型活动、节日、聚会等时候，更要保护自己，不去或少去凑热闹，同时注意以下几点：

（1）不要在桥头、楼道或狭窄通道处停留；人多的时候不拥挤、不起哄、不制造紧张或恐慌气氛；尽量避免到拥挤的人群中，不得已时，尽量走在人流的边缘；发觉拥挤的人群向自己的方向走来时，应立即避到一旁，避免摔倒；顺着人流走，切不可逆着人流前进。

（2）假如陷入拥挤的人流，一定要先站稳，身体不要倾斜失去重心，即使鞋子被踩掉，也不要弯腰捡鞋子或系鞋带；如果身不由己被裹入拥挤的人群中，要伸出力量较大的那只手臂，用手掌轻触前面那个人的后背，另一只手握住撑出的那只手的手腕，双臂用力为自己撑开胸前的空间，稳定重心用小步随人流移动，不要试图超越别人；若不幸被人群挤倒后，要设法靠近墙角，身体蜷成球状，双手在颈后紧扣以保护身体最脆弱的部位。

第八章 学会自救互救，为生命撑起最后的保护伞

（3）在人群中走动，遇到台阶或楼梯时，尽量抓住扶手，防止摔倒；拥挤中，如果发现一旁有坚固物体应紧紧抱住，以等待时机脱险。在拥挤的人群中，要时刻保持警惕，当发现有人情绪不对或人群开始骚动时，要做好准备保护自己和他人；在人群骚动时，注意脚下千万不能被绊倒，避免自己成为拥挤踩踏事件的诱发因素；在拥挤发生之初或者不幸身陷拥挤的人流之中，一定要保持镇静，不要乱喊乱叫或推搡他人，防止造成混乱。要听从事故现场管理人员的指挥调度，配合指挥人员缓解拥挤，避免踩踏事故。

（4）当发现自己前面有人突然摔倒了，要马上停下脚步，同时大声呼救，告知后面的人不要向前靠近，及时分流拥挤人流，组织有序疏散。

（5）不慎倒地时，两手十指交叉相扣，护住后脑和颈部；两肘向前，护住头部。双膝尽量前屈，护住胸腔和腹腔重要脏器，侧躺在地。

井下事故现场逃生和急救

井下也是事故的多发地，特别是在矿井下，透水、冒顶、爆炸事故时有发生，而且事故后果也往往极为严重。学会现场逃生和自救的技能，对于保护生命安全，大有用处，一定要认真掌握。

（1）出现井下冒顶事故后的自救措施。

①发现采掘工作面有冒顶的预兆，自己又无法逃脱现场时，应立刻把身体靠向坚固或有强硬支柱的地方。

②冒顶事故发生后，伤员要尽一切努力争取自行脱离事故现场。无法逃脱时，要尽可能把身体藏在支柱牢固或块岩石架起的空隙中，防止再受到伤害。

③当大面积冒顶堵塞巷道，即矿工们所说的"关门"时，作业人员堵塞在工作掌子面，这时应沉着冷静，由班组长统一指挥，只留一盏灯供照明使用，并用铁锹、铁棒、石块等不停地敲打通风、排水的管道，向外报警，使救援人员能及时发现目标，准确迅速地展开抢救。

④在撤离险区后，可能的情况下，迅速向井下及井上有关部门报告。

（2）发生井下透水的自救措施。

①井下突然出现透水事故时，井下工作人员应绝对听从班组长的统一指挥，按预先安排好的退却路线进行撤退，不要惊慌失措、各奔东西。万一迷失方向，必须朝有风流通过的上山巷道方面撤退。

②事故发生后，如果有人受伤，应积极进行现场抢救。出血者立刻止血，骨折者要及时固定和搬运。

③如透水事故发生并有瓦斯喷出可能时，探水人员要戴带防护器具，或者在工作地点加强通风，保持空气的新鲜和畅通。不可把通风机关闭。

④被水隔绝在掌子面或上山巷道的作业人员应清醒沉着，不要慌乱，尽量避免体力消耗。全体井下人员还应做长期坚持的准备，所带干粮集中统一分配，不要无谓地浪费掉；关闭作业人员的矿灯，只留一盏灯供照明使用。

⑤井下透水事故发生后，应尽快通过各种途径向井下、井上指挥机关报告，以便迅速采取营救措施。

为预防井下透水，应掌握透水前的征象和规律。这时，往往煤层发潮发暗，巷道壁或煤壁上有小水珠，工作面温度下降、变冷，煤层变凉，工作面出现流水和滴水现象，工作时能听到水的"嘶嘶声"等。发现这些透水征兆，要及时撤离人员躲到安全地点。

第八章
学会自救互救，为生命撑起最后的保护伞

（3）井下发生爆炸事故的自救方法。

据调查统计，矿井下发生煤尘爆炸时，多数遇难人员直接死因并不是爆炸和燃烧，而是有害气体和缺氧引起的中毒和窒息。所以，发生煤尘爆炸时，自救措施要果断及时，方法得当，尽可能减少伤残和死亡的发生。自救措施如下：

当瓦斯、煤尘爆炸时在现场和附近巷道的工作人员，千万不可惊慌失措。当听到爆炸声和感到冲击波造成的空气震动气浪时，应迅速背朝爆炸冲击波传来的方向卧倒，脸部朝下，把头放低些，在有水沟的地方最好侧卧在水沟里边，脸朝水沟侧面沟壁，然后迅速用湿毛巾将嘴、鼻捂住，同时用最快速度戴上自救器，拉严身上衣物盖住露出的部分，以防爆炸的高温灼伤。如边上有水坑，可侧卧于水中。在听到爆炸瞬间，最好尽力屏住呼吸，防止吸入有毒高温气体灼伤内脏。避免爆炸所产生强大冲击波击穿耳膜，引起永久性耳聋。

煤尘爆炸后，切忌乱跑，井下人员应服从统一指挥，情绪镇定，要迅速辨清方向，按照避灾路线以最快速度赶到新鲜风流方向。外撤时，要随时注意巷道风流方向，要迎着新鲜风流走，或躲进安全地区，注意防止二次爆炸或连续爆炸的再次损伤。

用好自救器是自救的主要环节，当戴上自救器后，绝不可轻易取下而吸外界气体，以免遭受有害气体的毒害，要一直坚持到安全地点方可取下。

在可能的情况下，撤离险区后及时向井下调度、矿调度和局调度报告。

（4）井下发生火灾时的自救。

①沉着冷静，迅速戴好自救器，避灾领导要逐一进行认真检查后撤退。

②位于火源进风侧人员，应迎着新风撤退。位于火源回风侧人员，如果距火源较近且火势不大时，应迅速冲过火源撤离回风侧，然后迎风撤退；如果无法冲过火区，则沿回风撤退一段距离，尽快找到捷径绕到

新鲜风流中再撤退。

③如果巷道已经充满烟雾,也绝对不要惊慌,不能乱跑,要迅速辨认出发生火灾的地区和风流方向,然后俯身摸着铁道或铁管有秩序地外撤。

④如果实在无法撤退,应利用独头巷道、硐室或两道风门之间的条件,因地制宜,就地取材构筑临时避难硐室,尽量隔断风流,防止烟气侵入,然后静卧待救。

⑤有条件时应及早用电话同地面取得联系,以便救护队前来救援。

⑥所有避灾人员必须严格遵守纪律,听从避灾领导的指挥,团结互助,共同渡过难关。

9 危险品泄漏事故现场的应急处置和逃生自救

常见的危险化学品有苯、液化气、香蕉水、汽油、甲醛、氨水、二氧化硫、农药、油漆、煤油、液氯等。危险化学品泄漏的特点是发生突然,扩散迅速,持续时间长,涉及面广。一旦出现泄漏事故,往往引起人们的恐慌,处理不当则会产生严重的后果。因此,发生化学品泄漏事故后,如果现场人员无法控制泄漏,则应迅速报警并选择安全方法逃生。

(1)发生化学品泄漏事故时,现场人员不可恐慌,要有人负责统

第八章
学会自救互救，为生命撑起最后的保护伞

一指挥，明确每个人各自的职责，井然有序地撤离。如果事故现场已有救护消防人员或专人引导，逃生时要听从他们的指挥和安排，如有可能应采取相应的防护措施。

（2）从化学品泄漏现场逃生，要抓紧宝贵的时间，任何贻误时机的行为都有可能给现场人员带来灾难性的后果。因此，当现场人员确认无法控制泄漏时，必须当机立断，选择正确的逃生方法，快速撤离现场。

（3）逃生要根据泄漏物质的特性，佩戴相应的个体防护用具。如果现场没有防护用具或者防护用具数量不足，也可应急使用湿毛巾或衣物捂住口鼻进行逃生。

（4）沉着冷静确定风向，然后根据化学品泄漏源位置，向上风向或沿侧风向转移撤离；另外，根据泄漏物质的比重，选择沿高处或低洼处逃生，但切忌在低洼处滞留。

（5）平时多学自救知识。居民在平时应知道自救和救人的常识，当有人发生窒息时，应采取心脏复苏术，保持心脏跳动。发生化学灼伤，要立即在现场用清水进行足够时间的冲洗，及时有效的现场医疗救护是减少伤亡的重要一环。

（6）发生危险品化学事故时，要注意收听灾害信息，按照应急救援部门的指挥谨慎行动。撤离时用湿毛巾、湿口罩和防毒面具等保护呼吸道，用雨衣、手套、雨靴等保护皮肤，用防毒眼镜、游泳潜水镜或者透明塑料袋等保护眼睛。

如果应急指挥部门要求人员留在室内，则应当立即关闭所有的门窗、空调和通风设备；

尽可能待在最里层的房间，将门窗缝隙用胶条密封，带上贮备的应急物品。

如果身体接触或暴露在危险化学品中，进入避难场所后，要立即进行清洁处理。清洁处理时要特别小心，凡是与身体接触的所有被污染的衣物都要立即脱掉；防止脱衣时化学品污染眼睛、鼻子和嘴，应当将套

头衫剪开后再脱掉；用水冲洗眼睛、头发和手，然后再洗净全身，换上干净的衣服。

只有在应急管理部门解除危险警戒后，才可以返回事故区。返回后打开室内的门窗和通风设备，咨询相关部门如何清理废物，发现残存可疑危险品要及时报告。

中毒、窒息发生时的自救和互救

中毒、窒息事故可分为两种情况，其一是进入设备、容器、池、沟等密闭空间，进行检查、检修等作业和抢修、堵漏、救人等作业；其二是泄漏事故的抢修、堵漏作业时中毒。

在密闭空间作业时监护人等发现有中毒、窒息情况时，不能贸然下去抢救，必须立即采取作业前准备的各项急救措施。使用通风设施、防毒面具、绳索、梯子等。发生着火时，不能用二氧化碳、四氯化碳等窒息性灭火器扑救。总之，不能使事故扩大。

对于有毒物泄漏空间的救援作业，首先佩戴防毒护品，全面打开门窗通风，并携带防毒护品，给补救人员和伤员佩带，协助他们或救助他们脱离污染区。要注意救护过程中，防止产生静电、着火、爆炸等二次灾害。

伤员转移至通风处，松开衣服。当伤者呼吸停止时，施行人工呼吸；心脏停止跳动时，施行胸外按压，促使自动恢复呼吸。

尽快送往临近医院救治或拨打120急救电话，拨通救护电话后，要

第八章 学会自救互救，为生命撑起最后的保护伞

讲清"三要素"：一讲清危重病人所在厂区的详细地址；二讲清灾害性质、受伤人数、伤害原因；说明中毒或窒息原由，便于医院做好应急抢救准备；三讲清报警人的姓名和电话号码。

医疗部门电话打完后，应立即到路口迎候救护车（注意不要先挂电话），护送前及护送途中要注意防止伤员休克。搬运时动作要轻柔，行动要平稳，以尽量减少伤员痛苦。

如果毒气泄漏，现场情况紧急，要立即逃生自救，就需要掌握以下方法：

（1）呼吸防护。在确认发生毒气泄漏或袭击后，应马上用手帕、餐巾纸、衣物等随手可及的物品捂住口鼻。手头如有水或饮料，最好把手帕、衣物等浸湿。最好能及时戴上防毒面具、防素口罩。

（2）皮肤防护。尽可能戴上手套，穿上雨衣、雨鞋等，或用床单、衣物遮住裸露的皮肤。如已备好防护服等防护装备，要及时穿戴。

（3）眼睛防护。尽可能戴上各种防毒眼镜、防护镜或游泳用的护目镜等。

（4）撤离。毒气泄漏现场逃生，要抓紧宝贵的时间，任何贻误时机的行为都有可能给现场人员带来灾难性的后果。因此，当现场人员确认无法控制泄漏时，必须当机立断，选择正确的逃生方法，快速撤离现场。要判断毒源与风向，沿上风或侧上风路线，朝着远离毒源的方向迅速撤离现场。不要在低洼处滞留。

（5）冲洗。到达安全地点后，要及时脱去被污染的衣服，用流动的水冲洗身体，特别是曾经裸露的部分。

（6）救治。迅速拨打"120"，及早送医院救治。中毒人员在等待救援时应保持平静，避免剧烈运动，以免加重心肺负担致使病情恶化。